土壤健康与酿酒葡萄健康生长

生产性葡萄园的土壤管理

［澳］Robert E White ［澳］Mark P Krstic著

李兆君 冯瑶 程杰山 常会庆 冀拯宇 译著

中国农业科学技术出版社

Originally published in Australia as:

Healthy Soils for Healthy Vines ISBN 9781789243161

by Robert White, Mark Krstic

Copyright © CSIRO Publishing

This edition published with the permission of CSIRO Publishing, Australia

著作权合同登记号：01-2021-4706

图书在版编目（CIP）数据

土壤健康与酿酒葡萄健康生长 /（澳）罗伯特·怀特（Robert E White），
（澳）马克·科斯蒂克（Mark P Krstic）著；李兆君等译著. --北京：中国农业
科学技术出版社，2022. 12

书名原文：Healthy Soils for Healthy Vines

ISBN 978-7-5116-5962-0

Ⅰ.①土… Ⅱ.①罗… ②马… ③李… Ⅲ.①葡萄栽培－土壤管理
Ⅳ.①S663.106

中国版本图书馆CIP数据核字（2022）第 187104 号

责任编辑　张志花
责任校对　李向荣
责任印制　姜义伟　王思文

出 版 者　中国农业科学技术出版社
　　　　　北京市中关村南大街 12 号　　邮编：100081
电　　话　（010）82106636（编辑室）　　（010）82109702（发行部）
　　　　　（010）82109709（读者服务部）
网　　址　https: // castp.caas.cn
经 销 者　各地新华书店
印 刷 者　北京建宏印刷有限公司
开　　本　170 mm × 240 mm　1/16
印　　张　14
字　　数　240 千字
版　　次　2022 年 12 月第 1 版　　2022 年 12 月第 1 次印刷
定　　价　200.00 元

李兆君，研究员，博士，博士生导师，毕业于浙江大学。国家葡萄产业技术体系土壤和产地环境污染管控与修复岗位科学家，生态环境部农业面源污染防治督导专家组专家，2014年度国家农科教推十大优秀肥料专家，"十三五"国家重点研发计划项目首席科学家。长期从事植物营养与肥料、产地环境污染管控与修复方面的研究。发表论文100余篇，其中在*Journal of Hazardous Materials*、*Water Research*等国际学术刊物上发表SCI论文50余篇，获授权国家专利30余项，出版专著2部。

冯瑶，博士，毕业于中国农业科学院。目前在中国环境科学研究院、生态环境部土壤与农业农村生态环境监管技术中心开展博士后研究工作，主要研究方向为农业面源污染防控和农业废弃物资源化利用。参与国家重点研发计划、国家自然科学基金等项目9项，发表学术论文20余篇，获授权国家专利14项，参编专著2部。

程杰山，博士，副教授，硕士生导师，毕业于中国科学院植物研究所。曾在上海市农业科学院工作，2014年调入鲁东大学任职。主要研究方向为葡萄遗传育种。先后主持和参与国家葡萄产业技术体系、山东省重点研发计划、山东省良种工程、山东省创新工程等科研项目，发表学术论文20余篇，其中SCI论文4篇，获授权国家发明专利1项。

译者简介

译者简介

常会庆，教授，博士，硕士生导师，毕业于浙江大学资源环境学院。曾在中国科学院生态环境研究中心开展博士后研究工作，目前在河南科技大学工作。主要研究方向为土壤重金属污染修复和农业废弃物资源化利用。先后主持和参与"水专项""国家重点研发计划""国家自然科学基金"等科研项目，获授权发明专利8项，发表学术论文30余篇。

冀拯宇，中国农业科学院博士研究生在读。主要研究方向为土壤有机污染物在土壤中的环境行为及生态效应，土壤动物肠道微生物组及其抗性组，以及畜禽养殖废弃物资源化利用技术。以第一作者在 *Science of the Total Environment* 发表论文1篇，在《植物营养与肥料学报》和《农业环境科学学报》发表论文各1篇。

推荐序

    近30年来，我国葡萄产业不仅实现了种植面积和产量的飞速增长，同时，葡萄产品的品质与结构也发生了质的飞跃，从葡萄品种选育、栽培调控到鲜食葡萄的采后贮运保鲜、葡萄干加工及葡萄酒酿造的各个环节，无不体现科技进步与创新在葡萄产业高质量发展中发挥的重要作用。众多葡萄产业领域的科技人员或将自己的成果与经验编撰成书，或将特色外文书籍译成通俗易懂的中文，以供同行们参考借鉴。相关著作多聚焦葡萄栽培技术、土水肥管理、葡萄酒酿造与品鉴等领域，而对葡萄质量品质与葡萄酒风格具有决定作用的关键"风土"因素之一的葡萄园土壤健康及管理领域关注得不够系统深入。

    2019年罗伯特·怀特和马克·科斯蒂克合著的这本*Healthy Soil for Healthy Vines*专著，用七章篇幅全面深入地论述了如何系统了解、科学评价和精准管控葡萄园土壤健康状况以及健康土壤对葡萄植株生长、葡萄果实质量及葡萄酒品质的影响作用，极大地丰富了葡萄与葡萄酒领域的科学知识。现由国家葡萄产业技术体系土壤和产地环境污染管控与修复岗位科学家李兆君研究员及其团队成员等通过认真细致的艰辛劳作，完成了此专著的翻译工作，使它能更好地供葡萄栽培与葡萄酒领域的科技人员参考学习，值得祝贺与肯定。书稿在出版前请我写一篇序言，我有幸提前拜读了译稿，鉴于原著作者在前言中已经对这本书的内容做了全面的介绍，故在此对于原著的内容不再过多赘述。

    值得一提的是，该书内容丰富，角度新颖，在详述与葡萄生长相关的土壤健康知识的同时，还介绍了葡萄著名产区及其土壤地质发展历史、葡萄栽培风土条件、葡萄园选址要求以及葡萄可持续栽培的原则与未来思考。运用小贴士栏专业论述结合实际案例的图文并茂方式，诠释了书中众多专业术语和专门知识，有助于读者更好地理解相关内容。这部译著的出版发行，非常值得葡萄与葡萄酒研究领域的师生学者阅读参考，以及从事葡萄种植和葡萄酒酿造行业的管理和技术人员学习借鉴。

教授

国家葡萄产业技术体系首席科学家

2022年11月19日

译者序

近年来，随着我国葡萄种植与葡萄酒酿造产业的快速发展，从事葡萄产业的科研人员和工作者出版了一系列葡萄种植栽培技术、葡萄病虫害防治和葡萄品种选择等书籍，同时也翻译出版了一批葡萄酒生产/质量、葡萄酒品鉴/鉴赏和葡萄酒选购/收藏等方面的专业书籍。这些书籍的出版，对提高我国葡萄园经营者/种植者栽培技术、葡萄酒消费者/爱好者鉴赏水平、传播葡萄酒文化和促进葡萄酒消费以及我国葡萄产业健康可持续绿色发展发挥了极其重要的作用。

Healthy Soils for Healthy Vines 于2019年由CSIRO出版社在澳大利亚和新西兰独家出版，并由CABI出版部在全球（除澳大利亚和新西兰外）独家出版，原著引导读者认知关于酿酒葡萄园土壤、葡萄生长及其与葡萄酒产量、品质之间的关系，包含了土壤健康因子与评价、土壤健康管理措施、土壤健康与酿酒葡萄栽培以及气候与生态环境（包括土壤）对酿酒葡萄可持续种植的影响等，内容丰富，有助于读者科学地了解酿酒葡萄园土壤，并在管理和改善酿酒葡萄园土壤健康方面做出明智的决策。

Healthy Soils for Healthy Vines 一书的简体中文版权由中国农业科学技术出版社引进，由李兆君、冯瑶、程杰山、常会庆和冀拯宇翻译，在翻译过程中得到了黄建全、张娜、张鹤、刘万好、王福成的大力支持，李兆君对全书译文进行了统稿。本书出版得到了国家葡萄产业技术体系岗位科学家项目经费资助。

翻译过程也是对原著的深入理解和文字的加工过程，对难以理解的专业术语，译者尽最大努力去查阅相关文献，如《土壤地质学》、《土壤学》、《葡萄酒生产与质量》（原著第二版）、*Comprehensive Assessment of Soil Health*、*Soils for Fine Wines* 和 *Understanding Vineyard Soils*（第2版）。由于原著中的图片版权涉及多方出版社，部分图片版权无法引进，在征得原著版权方——CSIRO同意的基础上，译著中未包括这些图片，但是不影响译著内容的完整性、可读性及读者对相关内容的理解。此外，由于译者水平有限，译著中难免存在翻译不当之处，恳请读者批评指正。

译　者

2022年11月

原著作者简介

罗伯特·怀特（Robert E White），墨尔本大学名誉教授，国际土壤学联盟终身荣誉会员。著有*Principles and Practice of Soil Science*（第4版）、*Soils for Fine Wines*和*Understanding Vineyard Soils*（第2版）。拥有丰富的土壤、水和养分管理经验，尤其是在澳大利亚、美国、英国、新西兰、中国和南非等地管理实践经验丰富，长期为葡萄酒行业和澳大利亚葡萄酒研究院提供土壤管理方面咨询。荣获多项研究和学术领域方面的奖励。

马克·科斯蒂克（Mark P Krstic），澳大利亚葡萄酒研究院业务发展经理，澳大利亚葡萄栽培与酿酒学会原主席。在葡萄酒行业拥有超过23年的研究经验，主要从事气候变化影响方面的研究和葡萄酒行业教育与培训工作，熟识葡萄对葡萄酒质量稳定性和可持续性的影响。曾在维多利亚州第一产业部和CSIRO葡萄和葡萄酒研究与开发公司工作。

罗伯特·怀特（左）和马克·科斯蒂克（右）

原著序

　　罗伯特·怀特（Robert E White）和马克·科斯蒂克（Mark P Krstic）合著的《土壤健康与酿酒葡萄健康生长》（*Healthy Soils for Healthy Vines*）一书强调，在葡萄栽培中，很少有比土壤重要性更热门的话题了。在我最初将科学研究更多地聚焦于葡萄酒研究时发现，就像其他重要的作物栽培一样，葡萄栽培似乎只关注葡萄树，很少关注土壤，土壤仅仅被看作是酿酒葡萄树的生长介质。研究葡萄酒的科学家只考虑土壤的物理特性，如持水性、排水和营养状况，没有人关注土壤生命。当讨论"风土"的概念时，不同产区的葡萄酒，即使产地非常接近，其差异也都被归因于从宏观到微观的一系列尺度上的气候效应。气候为主：当时流行的术语是同质气候。如果你想在新世界（美洲大陆）找到种植黑比诺的地方，需要搜索气候数据找到一个与勃艮第金丘产区气候最相似的地方。这是一个良好的开端，但忽略了一个事实：即使在勃艮第产区内部，也存在着令人难以置信的差异，一些拥有几乎相同气候的葡萄园，由于土壤组成不同，其酿酒价值也完全不同。

　　20年后，我们对葡萄栽培有了完全不同的理解。我们把葡萄园看作是有许多生物参与的农业生态系统。葡萄栽培不仅需要关注葡萄树，还需要关注葡萄与其周围无数生物之间的相互作用。土壤不再被简单地看作只有物理性质的惰性介质，它是有生命的，其生命对葡萄的生长方式有明显影响（迄今为止还没有很好的科学定义）。土壤中的微生物就像我们在葡萄园中漫步时脚下生命的海洋：我们很难看到具体有什么，但知道有很多重要的过程在进行，而管理不当可能会将其破坏。

　　在旧世界，即欧洲传统的葡萄酒生产国，典型葡萄酒产区的葡萄种植者很早就认识到了土壤的重要性，而这些产区在很大程度上是根据"风土"而形成。我们认识到并不是所有的葡萄园都是相同的（都具有一致的"风土"条件），即使是那些地理位置十分接近、气候条件基本相同的葡萄园，其生产潜力也可能存在巨大差异，这不仅仅是因为所种植的葡萄品种不同。当拜访旧世界的酿酒葡萄种植者时，他们经常会滔滔不绝地谈论不同产区间的差异，以及这些差异如何反映在葡萄酒的风味中。然而，他们大部分无法将这些经验和知识转化为科学术语，而且在某些情况下，他们认为风味直接从土壤传递到葡萄再传递到葡萄酒的机制在科学上也是不合理的。这使得一些美洲大陆（指除了欧洲之外的其他一些产葡萄酒的国家）的葡萄酒科学家不认同他们的观点，甚至怀疑土壤对葡萄酒风味的重要性。事实上，大多数葡萄栽培试验都布置在生产便宜（成本低）且葡萄酒具商业价值的葡萄园，在这些葡萄园中，风土条件并没有那么重要，其在生产出来的葡萄酒中影响也很难辨别。

遗憾的是，来自加利福尼亚州和澳大利亚的许多葡萄酒科学家持反风土观点，他们只是没有花足够的时间去拜访那些重视葡萄园土壤特性的顶级葡萄酒生产商，也没有在严格环境中对葡萄酒进行大量品鉴。风土的重要性在市场反馈中有所体现。虽然酿酒师的技能是必不可少的，但如果没有健康的葡萄园生产出优质的葡萄，就不足以酿造出优质葡萄酒。葡萄种植地和葡萄酒风味之间的联系是葡萄酒界极具吸引力的问题之一，需要优秀的科学家来解决。

主流科学家已在逐步解决这些问题，其他科研人员也开始介入。来自法国的土壤专家克劳德·布吉尼翁和莉迪亚·布吉尼翁，二人管理着微生物溶胶分析实验室（Laboratoire Analyses Microbiologiques Sols，简称LAMS实验室），他们曾经宣称撒哈拉沙漠的生物比勃艮第土壤孕育的生物更丰富。这要追溯到20世纪80年代，当时的葡萄栽培处于传统模式的鼎盛时期，依赖除草剂清除杂草和化肥施用制度，这严重削减了土壤微生物，并破坏了土壤结构。为了响应勃艮第等产区人们的预见性呼吁，许多地区恢复手工除草等耕作措施，提高植被覆盖，同时减少使用除草剂。

葡萄酒界缺乏的是在对相关生物学充分理解的基础上形成的科学可靠的土壤健康信息来源。该书正好满足了这一非常现实的需求，它对土壤健康背后的科学原理进行了严格的客观性阐述，对任何葡萄园经营者来说都是有价值的实用指南。本书覆盖面很广，具有国际普适性，最重要的是非常实用。葡萄酒界一直缺乏这样一本有科学素养、研究透彻、文笔优美、客观公正的书。对于任何一个真正经营葡萄园或打算新建或经营葡萄园的人来说，这本书都是必不可少的读物。

杰米·古德　博士

伦敦葡萄酒作家

2019年4月29日

前　言

　　本书对酿酒葡萄种植者、葡萄园管理者或酿酒师均有实用价值。本书所有内容都与土壤健康有关。重要的土壤因子是什么？如何检测和管理这些土壤因子使酿酒葡萄种植者能够依托他们的葡萄园生产和销售优质葡萄酒？土壤科学家喜欢谈论土壤质量，但正如一位农场主在2013年11月的《爱荷华州农民日报》中所言："任何东西都可以有质量，但只有生命体才有健康。"因此，在本书中，我们强调了土壤物理和化学因子之间相互作用的重要性，这些相互作用有利于创造生命体的生存环境，而这正是土壤健康的本质。

　　在引导读者认知关于葡萄园土壤、葡萄生长以及葡萄酒产量和品质（如风味和香气）之间关系的最终结论时，我们认为有必要重新审视土壤内在的和动态的重要因子，让种植者选择性地监测这些因子，并采用各种土壤管理措施维持或改善土壤健康。

　　接下来的章节讨论了与葡萄品种选择有关的气候和生态环境（包括土壤）的相互作用。从气候变化带来的影响、葡萄种植的可持续性，以及一个特定地点风土的决定因素这一永恒问题来讨论葡萄栽培的未来。葡萄酒作家常说，风土反映了葡萄酒的地域感，一些酿酒师也这样认为，他们宣称自己的目标是酿造出能够为产区代言的葡萄酒，而不是葡萄酒酿造工艺。

　　本书的主要目的是帮助读者建立扎实的基础，以科学地了解葡萄园土壤，并鼓励其在如何管理和改善葡萄园的土壤健康方面做出明智的决策。

　　在写这本书的过程中，我们借鉴了多位葡萄酒行业的朋友、同事和熟人的知识和经验，我们非常感谢他们的贡献。名单如下（排名不分先后）：德保利庄园（澳大利亚维多利亚州雅拉谷产区）的罗布·萨瑟兰，克拉吉酒庄（新西兰霍克斯湾产区）的丹尼尔·沃森和马特·斯塔福德，维多利亚农业公司（澳大利亚维多利亚州邦多拉）杰奎琳·爱德华兹博士，拉筹伯大学伊恩·波特副教授，澳大利亚联邦科学与工业研究组织（Commonwealth Scientific and Industrial Research Organisation，CSIRO）罗伯·布拉姆利博士和罗伯·瓦尔克博士，南澳大利亚发展研究院保罗·皮特里博士和维克托·瑟德勒斯博士，法国波尔多农业科学院凯斯·范莱文教授，维多利亚农业公司马克·伊姆霍夫博士，加州大学伯克利分校加里·斯波西托教授，国家葡萄酒和葡萄产业中心（澳大利亚新南威尔士州沃加沃加）梅兰妮·韦克特博士，南澳大利亚阿德莱德大学克里斯·彭福尔德先生，西班牙利奥哈国际大学哈维尔·塔德拉吉拉教授，亨施克葡萄酒公司（南澳大利亚伊甸谷产区）史蒂夫和普鲁·亨施克，贝斯菲利普葡萄酒公司（澳大利亚维多利亚州吉普斯兰区）的菲利普·琼斯。

除非另有说明，本书所有图片的版权归作者所有。感谢美国纽约牛津大学出版社的杰里米·刘易斯为获得该出版社的许可提供的帮助。

罗伯特·怀特

马克·科斯蒂克

2019年3月于墨尔本

目 录

第一章
土壤健康概念

1.1　什么是土壤健康?

长期以来，土壤健康与其生产力的关系一直受到农业生产者的广泛关注。最初，人们主要关注土地生产能力，强调土壤肥力，现在已经逐渐转变为更为广泛的土壤质量概念。土壤质量指土壤能够长期可持续生产粮食和纤维的能力，且对环境的负面影响最小。Doran和Parkin（1994）给出了被广泛接受的土壤质量定义，即"土壤在生态系统边界内具有持续生物生产、保持环境质量、促进动植物健康的能力"。后来，"土壤质量"一词被更通俗的术语"土壤健康"所取代，重点关注土壤中的生物活动。之所以发生这一变化，主要是因为土壤生物逐渐成为关注热点。在化肥时代，人们往往追求作物产量最大化而忽视了土壤生物的作用。

美国科学家们认同"土壤质量"的概念演变为新提出的"土壤健康"，并编著了针对美国东北部各州粮食和蔬菜生产的《康奈尔土壤健康评价培训手册》（*Cornell Soil Health Assessment Training Manual*）（Gugino *et al.*,2009），旨在指导农场主评估土壤健康状况，就降低生产限制和减少环境负面影响方面提供土壤管理建议。该手册定义了包括如下几类保障土壤健康的重要土壤功能：

- 水分入渗和储存。
- 孔隙度和通气性。
- 养分保持与循环。
- 杂草和病虫害防治。
- 有害化学物质脱毒。
- 碳封存。
- 促进植物生长与产量提高。

Gugino等（2009）明确指出，获得健康的土壤状态不仅取决于土壤生物，还在于物理、化学和生物特性及其变化过程之间复杂的相互作用。尽管《康奈尔土壤健康评价培训手册》一书针对的是大田粮食和蔬菜种植，但同样适用于葡萄栽培（Schindelbeck and van Es，2011）。

1.2　葡萄行业对土壤健康的认识

2010年初，澳大利亚葡萄和葡萄酒研发公司委托罗伯特·怀特对葡萄栽培中的土壤健康状况进行评估。其中，评估的一个方面就是对大小各异的葡萄酒厂工作人员、葡萄种植者协会成员、科学家和顾问等一系列业界人士进行调研，了解他们对土壤健康的理解与重视程度。他们主要被问及土壤健康与其工作的关联、是否为提高土壤健康而改变管理措施以及在该过程中遇到的限制因素。所有的受访者都对土壤健康感兴趣，并提出了许多物理、化学与生物等方面的问题，希望进一步了解并改善他们的不足之处。尽管对个别问题的重视程度因业务规模、种植地区和土壤类型而不同，但普遍关注的问题有：土壤盐碱度、土壤结构、有机质、葡萄营养、土壤与植物测定、土壤水分和灌溉、生物学测定及其含义，还有可供葡萄酒从业人员学习的宣传知识等。

1.3　葡萄酒行业关注问题的解决

本书旨在对土壤健康的具体细节进行依次叙述，讨论如何对葡萄园的土壤健康进行管理，以及已知的土壤健康、葡萄质量和葡萄酒品质之间的联系。这是影响葡萄园表现、企业收益和长期可持续发展的关键。在此过程中，我们遵循康奈尔土壤健康评价系统的原则，将土壤因子分为以下两大类。

- **内在因子：** 即在人类时间尺度上是恒定不变的，如地壳运动造成的变化，若无强烈人为干扰不会发生改变。这些因子代表了地质（母质）和环境对特定地点成土过程的影响。葡萄种植者对这些因素的掌握会明显影响葡萄园的选址，这也可以被认为是地域感的体现。法语术语"风土"（terroir）体现了这些因素，同时也呈现产地酿酒传统的影响。
- **动态因子：** 指可以改变的因子，这些因子可以被葡萄种植者所调控，并可以在相对短时间（数年）内发生变化。主要包括土壤有机质含量、pH、养分有效性、土壤结构和强度、持水性和给水性、排水与通气，以及土传病虫害等。

20世纪40年代，土壤学家汉斯·詹尼是最早明确内在因子在成土过程中起作用的科学家之一。他认为土壤是在母质、气候、生物、地形、时间及其他未知因素等综合作用下形成的产物，提出了"土壤形成因素——函数"的概念，这对于解释土壤剖面的巨大变化特别有用。土壤剖面按照土壤层的垂直排列顺序，从上到下依次标记为A、B和C（图1.1）。在后面章节中将反复提到土壤剖面及其特有属性，涉及到土壤的内在因子和动态因子，以及可用于改善这些土壤因子的葡萄园管理方式。

1.4　本书结构与编排

在本章介绍之后，第二章以一些举世闻名的葡萄酒产区为例，揭示了土壤内在因子对成土过程及葡萄园属性的重要影响。第三章探讨了土壤动态因子，叙述重要动态因子是什么及其如何作用来改变土壤过程，以及土壤过程反过来如何影响满足葡萄生长的土壤功能。第四章讨论了土壤健康评价以及采用不同方式评价土壤动态因子的利弊；讲述土壤取样、因子测定、长期监测的规程；通过研究案例来阐明一些可能出现的问题。通过与葡萄种植者和科学家的讨论协商，共同制定了一个最小因子数据集，用于评估特定产区或葡萄园的土壤健康状况。然而我们发现，具体到种植者个体必须根据土壤测试服务的可用性和可获取性以及他们对葡萄种植和酿酒的整体目标做出选择。第五章回顾了一系

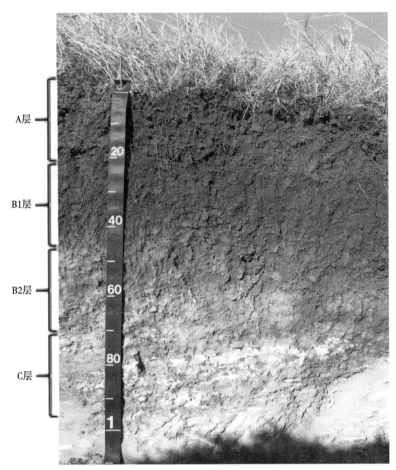

图1.1　澳大利亚新南威尔士州亨特谷产区的红棕壤剖面图

（注：0~20 cm为棕色A层，20~45 cm为红棕色B1层，45~70 cm为风化
石灰岩上方黄褐色B2层，70~95 cm为C层）

列葡萄园管理措施对土壤健康的影响，通过研究案例说明了其实际效果，同时
回顾了传统、有机和生物动力栽培模式下葡萄园土壤健康状况，并讨论了商业
肥料、生物肥料和土壤调理剂的科学使用范围。第六章讨论了环境相互作用对
葡萄生长和果实品质的影响，并举例说明了特定土壤因子对葡萄酒风格的影
响。最后，第七章回顾了新建葡萄园选址和土壤健康受气候变化的影响、适应
及其关键因素，讨论了可持续管理措施和消费者对葡萄种植的看法，并梳理出
被广泛使用的术语"风土"更为重要的意义。

1.5　总结

本书尝试将土壤健康的概念分为内在因子和动态因子两个核心要素，以解释关键的物理、化学和生物过程，并通过不同土壤和葡萄种植管理措施来探索评估和改进这些因子的方法。此外，本书尝试深入土壤健康与葡萄酒质量联系的灰色地带，打破某些神话，以实际研究案例探索科学知识以解释某些土壤因子与葡萄酒质量之间的关系。

参考文献

DORAN J W，PARKIN T B，1994. Defining and assessing soil quality. In *Defining Soil Quality for a Sustainable Environment*.（Eds JW Doran，DC Coleman，DF Bezdecik and BA Stewart）pp. 3–21. Special Publication No. 35，Soil Science Society of America，Madison WI，USA.

GUGINO B K，IDOWU O J，SCHINDELBECK R R，*et al.*，2009. *Cornell Soil Health Training Manual*. 2nd edn. Cornell University，Geneva NY，USA，<www. css. cornell. edu/extension/soil-health/manual. pdf>.

JENNY H，1941. *Factors of Soil Formation*. McGraw-Hill，New York，USA.

SCHINDELBECK R R，VAN ES H M，2011. Understanding and managing your soil using the Cornell Soil Health Test. In *Proceedings of the 14th Australian Wine Industry Technical Conference* 3–8 July 2010，Adelaide.（Eds RJ Blair，TH Lee and IS Pretorius）pp. 63–65. Australian Society of Viticulture and Oenology，Adelaide.

扩展阅读

MATTHEWS M A，2016. *Terroir and Other Myths of Winegrowing*. University of California Press，Oaklands CA，USA.

第二章
土壤健康的内在因子

2.1 地质学基础知识

如第一章所述，土壤形成的内在因子，如母质和气候等，对酿酒葡萄种植者选择葡萄园的位置有显著影响。本章重点关注土壤母质，具体分为残积母质和运积母质两大类。新建葡萄园选址时，参考其地质发展史是十分必要的。

由表2.1可见，地质年代尺度始于约5.7亿年前的寒武纪时期，当时地球上的生物在物种数量和多样性上均呈现爆发式增长。在之后的数百万年直到现在，通过火山喷发周而复始地形成岩浆岩，或喷出地表冷凝而形成岩石，如玄武岩；或侵入地壳形成岩石，如花岗岩。这些岩石经风化作用（包括物理破坏和化学变化）保留在原地形成残积型成土母质。岩石风化后在水、风、冰川和地心引力等作用下被侵蚀、迁移而沉积，形成运积母质。这种沉积物可能是非均质的，取决于原始岩石的性质、风化强度、运输方式以及在陆地或水下沉积的深度。例如，在河流（冲积物）、地心引力（崩积物）或移动冰川（冰碛）等外力作用下沉积的新矿物通常是松散的。更多的古老沉积物形成于水下，然后长期受到覆盖物压力，硬化固结形成沉积岩。随后，岩浆岩和沉积岩都可能受高温、高压影响发生变质作用，形成硬质变质岩。由于地壳的构造运动，这种变质作用可能发生在广阔的区域，也可能发生在火山岩浆侵入现有沉积岩或岩浆岩时的局部区域。

表2.1 地质年代尺度

代（系）	纪（系）	世（统）	同位素年龄（Mya）
新生代	第四纪	全新世	0.011
		更新世（冰河期）	2
	第三纪（哺乳动物时代）	上新世	5
		中新世	23
		渐新世	36
		始新世	53
		古新世	65
中生代	白垩纪		145
	侏罗纪		213
	三叠纪		250
古生代	二叠纪		290
	石炭纪		360
	泥盆纪		416
	志留纪		446
	奥陶纪		510
	寒武纪		570
前寒武纪			4 600

沉积岩覆盖了地球约73%的地表，是成土母质的重要组成部分。岩浆岩和变质岩比例接近，覆盖其余地表。表2.2给出了这些主要岩石类型的简化分类及其显著特征。

因此，任何产区的土壤都反映了过去一系列的地质事件，并受气候的影响，从而形成了目前的地貌特征。显然，这些变化发生的时间可能极其多变，进而增加了成土过程的复杂性。下面介绍3个葡萄酒产区土壤形成对葡萄园特性和葡萄酒生产影响的案例，包括法国波尔多产区、澳大利亚东南部的一些产区以及美国俄勒冈州和华盛顿州东部的哥伦比亚河谷产区。

表2.2 岩石分类及其主要特征

岩石类型	代表性岩石	主要特征
岩浆岩-侵入岩	花岗岩、闪长岩、辉长岩、辉绿岩	花岗岩（长英质岩石），硅含量高，主要为石英；闪长岩和辉长岩，硅含量低，矿物成分主要有辉石、角闪石；辉绿岩中的橄榄石，以铁镁矿物为主
岩浆岩-喷出岩	流纹岩、安山岩、粗面岩、玄武岩	从流纹岩到玄武岩，矿物成分主要从长英质到镁铁质，分化与岩浆温度的升高有关
沉积岩-碎屑沉积岩	砾岩、砂岩、粉砂岩、泥岩、页岩	由大小不一的风化岩屑组成；从砾岩到页岩，其粒度由大到小
沉积岩-化学沉积岩	石灰岩、白云岩	含不同矿物成分的碳酸盐溶液过饱和，从水体中沉淀形成
沉积岩-有机沉积岩	煤、部分石灰岩和白云岩	由植物积累和动物遗骸（如硅藻）形成
变质岩（片理）	千枚岩、片岩、板岩	具有明显的片理面；易裂开
变质岩（块状）	大理岩、石英岩	没有明显的片理面；大块状结构

资料来源：Farndon（2007）。

2.2 世界葡萄酒产区及其土壤形成

2.2.1 法国波尔多产区

（1）简史

2002年，葡萄酒作家安德鲁·杰福德评价说："波尔多是世界上最大的优质葡萄酒产区。"尽管它的历史仅可以追溯到1世纪，有零星的证据表明那时在圣埃美隆附近地区有葡萄种植，但葡萄栽培直到12世纪才开始广泛发展，主要是在格雷夫斯地区。但是，在回顾波尔多地貌的形成时，我们必须回溯到第三纪早期（约6500万年前）波尔多所在的阿奎坦盆地发生的地质事件。

6500万年前，阿奎坦盆地南部边界的庇里牛斯山脉开始发生构造运动。中央高原地区的山脉向东包围了盆地。数百万年来，这些山脉被侵蚀，风化物质下滑导致盆地逐渐被填满。西部海洋几次入侵带来了石灰岩和钙质砂的海洋沉积物，这些沉积物与山脉侵蚀沉积物混合在一起，随着约200万年前的更新世冰期的开始，在第三纪末期经历了更迅速的变化，特别是阿奎坦盆地和波尔多地区。强冷期（冰期）与温暖间冰期的交替导致了一系列气候变化事件，这些气候变化的遗迹至今仍明显可见。

在冰川时期，欧洲大部分陆地被冰盖覆盖，海平面下降。中央高原地区山脉和比利牛斯山脉上大量的水被冻结。随着间冰期的开始，冰融水注入加龙河、塔恩河和洛特河，继而进一步被切割变深。在冰川洪水期间，水体中悬浮的细小岩石或河床上易移动的砾石和卵石随水散布在邻近的土地上，这些不均匀的矿物沉积形成阶地。现在，古老（较高）的阶地仍然存在，形成了许多葡萄园土壤母质。大约1.1万年前的最后一个冰期末期，随着海平面上升，年轻（较低）的阶地被完全淹没，加龙河口被淹没，形成了宽阔的吉伦特河口。

人们期望在靠近河道的地方发现更粗的矿物，如卵石、砾石和粗砂，这些沉积物通常呈长条状，而更细的淤泥和黏土则被运送到更远的地方。然而，更新世冰期是风化岩石矿物侵蚀和再沉积的动荡时期。波尔多地区洪水的规模和范围各不相同，河流的流向也存在差异，因此沉积物的区域分布非常复杂。有些地方第三纪的石灰岩和砂石裸露于地表；而西部边缘的一些地区则受到了海平面低的时期来自宽广海滩风沙的影响。

（2）葡萄栽培现状

为了说明地质地貌形成过程对波尔多酿酒葡萄种植的影响，我们将重点放在加龙-吉伦特河左岸。一般来说，砾石含量最高的土壤出现在靠近山的地区。因此，在波尔多市南部的古洪泛平原，我们在格雷夫斯地区发现了深层砾质土。1987年得名为佩萨克-雷奥良（Bessac-Léognan），著名的侯伯王庄园（Château Haut Brion）便位于此地。格雷夫斯南部有一个苏特恩地区，这里最著名的白葡萄酒由感染了贵腐菌的长相思（Sauvignon Blanc）和赛美蓉（Sémillon）等葡萄品种酿制，滴金酒庄（Châteaud Yquem）也因此而闻名。

从波尔多市沿着加龙-吉伦特河口左岸向北延伸长达8 km，我们发现了梅多克（Médoc）地区的葡萄园。最初这个半岛是一片沼泽地，几乎没有葡萄园。到17世纪中叶，沼泽区干化，梅多克发展成为一个盛产优质葡萄酒的地区。上梅多克（Haut-Médoc）地区南部土壤质地粗糙，排水性较好，玛歌（Margaux）产区的美人鱼酒庄（Château Giscours）中一个密植葡萄园土壤就是例证。5个一级酒庄中，其中有4个均在上梅多克产区，包括波雅克产区的木桐酒庄（Chateaux Mouton Rothschild）、拉菲酒庄（Lafite）、拉图酒庄（Latour），以及玛歌产区的玛歌酒庄（Chateau Margaux）。尽管在下梅多克

（Bas-Médoc）地区的圣埃斯泰夫（St Estèphe）产区北部排水较差的黏土上也种有葡萄，但那里并没有一个适合的品种。

在整个梅多克地区，由于更新世时期的冰川洪积沉积和全新世（更新世后或近代）的冲积沉积，土壤深度变化显著。在梅多克的许多砂砾土中，有透镜体状不连续分布的黏土层，可以减缓垂直排水，从而使葡萄树吸取水分。根据波尔多学派（Sequin，1986）的研究，对于干旱区生长的葡萄树，开花期和着色成熟期适度的水分胁迫有助于控制其长势和促进果实中多酚及风味物质的合成。黏土层过浅、过宽或不透水均会形成静滞地下水面（局部水分饱和区上层），这可能导致多雨季节的葡萄树长势过旺。区域地下水的深度不仅受土壤排水性的控制，而且受到近吉伦特河口区域的影响。据说梅多克地区最好的葡萄园"必须看到河"，这对当地气候具有调节作用（图2.1）。在排水不良的

图2.1 从位于波尔多梅多克产区圣朱利安的龙船庄园朝向吉伦特河口的视角图

产区，如梅多克北部较黏重的土壤或一些冲积平原，已经安装了地下排水系统，最初是用多孔黏土管（称为瓦）和最新的农用穿孔管来降低地下水位。通过这种人为干预的方式，来改变土壤内在因子，以便葡萄更好地生长。

1855年，波尔多商会根据一个世纪以来葡萄酒的平均价格制定了庄园分类，这次分类并没有考虑地质状况或土壤属性，而是基于生产不同质量葡萄酒的行政区分界。尽管如此，世界各地的葡萄酒鉴赏家都认识到，在任何一个产区或庄园中，都有几块地能够持续生产出具有独特特征的优质葡萄酒，这可以归因于当地的环境和土壤内在属性。

2.2.2 澳大利亚东南部的差异明显产区

（1）早期火山活动

我们选择了澳大利亚东南部的几个葡萄酒产区，来说明地质和成土过程对葡萄栽培的影响。新南威尔士州和维多利亚州的选定产区展示了从凉爽气候产区到炎热内陆产区各种各样的葡萄种植环境（图2.2）。从寒武纪（5.7亿年前）开始，许多地质事件加上长期风化、侵蚀和再沉积的反复循环共同作用，形成了一种特色地貌，这种变化被列入澳大利亚地理标志（geographic indications，GIs）分类中。

一些最古老的火山岩被海底火山挤出后埋于沉积层之下，随后暴露在大致南北朝向的狭窄岩层中，经过风化后形成了深红色寒武纪土壤，支撑着维多利亚州西斯寇特（Heathcote）和高宝谷（Goulburn Valley）两个地理标志产区的优质葡萄园。这些葡萄园的土壤呈微酸性至中性，对于西拉（Shiraz）葡萄酒来说尤其珍贵（图2.3）。

在接下来长达1.5亿年的奥陶纪–志留纪期间，火山活动断断续续地进行，在泥盆纪晚期（360万～380万年前）最为强烈。现在的维多利亚中部和东北部大部分地区，之前火山活动非常活跃。例如，非爆炸性喷发产生的熔岩流凝固成玄武岩和安山岩，这些岩石形成暗红色壤土母质及其冲积物，支撑着维多利亚国王河谷产区（King Valley GI）上游的葡萄园。而爆炸喷发喷出的火山灰散落在大部分陆地表面，这些火山灰硬化成岩石，然后对周围较软的岩石进行侵蚀，形成了马其顿山、丹德农山脉以及环绕雅拉谷产区（Yarra Valley GI，菲利普港区域的地理标志产区之一）的山脉等地貌。随着火山活动的减弱，史庄伯吉山脉北部的沉积物因花岗岩侵入和流纹岩挤压而增加。

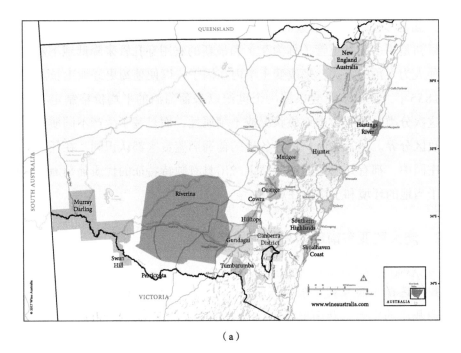

（a）

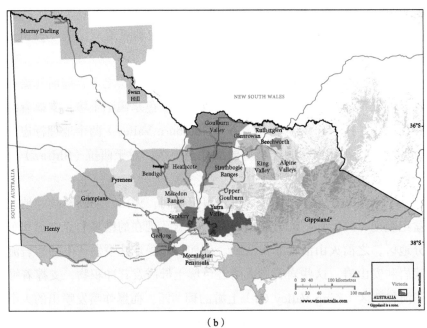

（b）

图2.2   新南威尔士州（a）和维多利亚州（b）葡萄酒产区地图；
以上地图不是地理标志产区的法定边界

（资料来源：澳洲葡萄酒协会www.wineaustralia.com）

图2.3 古尔本山谷产区（Goulburn Valley GI）的红壤剖面（注意深层碳酸钙沉淀带）

（资料来源：White，2015. 牛津大学出版社）

在奥陶纪至泥盆纪晚期这一漫长的时期内，火山岩和非火山岩的混合沉积物被频繁侵蚀和沉积，固结形成泥岩、粉砂岩和砂岩。奥陶纪–志留纪时期的沉积岩所形成的土壤，其剖面主要呈"复合"结构，即质地较轻的A层覆盖质地较重的B层（如砂壤土覆盖黏土）。这类土壤由于钠和镁等阳离子的累积，肥力通常较低，底土也往往难以管理（图2.4）。

图2.4　澳大利亚吉普斯兰产区（Gippsland GI）蓝色墙垣酒庄葡萄园土壤的"复合"结构

（资料来源：White，2015. 牛津大学出版社）

（2）冈瓦纳大陆的解体

白垩纪初期（约1.44亿年前），地壳断裂主要影响了澳大利亚东南部。冈瓦纳超级大陆的一部分——澳大利亚和南极洲发生分离，澳大利亚缓慢向北漂移。在澳大利亚大陆和塔斯马尼亚岛之间形成了一个大的浅洼地，河流向其中排放大量沉积物。8 000万年前，这些沉积物大多开始由大分水岭山脉流出的河流产生，该山脉沿着东部和东南部海岸上升。经过数百万年的侵蚀形成了一个巨大的内陆沉淀池，部分是海洋，部分是淡水，也就是现在的墨累-达令盆地。在洪水泛滥期间，地貌强烈风化，形成了典型的砖红壤。这片古老的平原后来被厚厚的冲积物和风积物掩埋，这些沉积物在一定程度上构成了新南威尔士州大河区包括墨累河岸（Murray-Darling GI）、滨海沿岸（Riverina GI）和天鹅山（Swan Hill GI）等产区高产葡萄园土壤的母质，是一个层状土壤剖面的示例，该土壤由滨河沿岸产区覆盖于强风化土、埋藏土或化石土的细粒沉积物形成。

随着冈瓦纳大陆的分裂[持续到第三纪（始于6 500万年前）]，海水在澳大利亚东南部多次侵入并退去，这些变动延续了中生代晚期开始的沉积物形成及沉积过程。可能是由于大陆移动到了地壳的"活跃"地区，火山活动再次活跃起来。最活跃的时期是在4 000万～2 000万年前期间，主要是被称为更古老火山岩的玄武岩流，分布在大分水岭东南部和维多利亚州吉普斯兰地区，这些古老的火山岩经强风化形成了肥沃的红壤（图2.5），正好位于莫宁顿半岛产区（Mornington Peninsula GI）的雷德山下，莫宁顿半岛是菲利普港区域的产区之一，这里还包括雅拉谷产区的红壤。因为优良的土壤结构能使根系深扎，葡萄可以在这些水分充足而且凉爽的环境中进行干旱栽培。黑比诺（Pinot Noir）、霞多丽（Chardonnay）、灰比诺（Pinot Grigio/Gris）和雷司令（Riesling）等均是这些产区的优质酿酒葡萄品种。

（3）近代土壤形成

从700万年前到更新世，维多利亚西南部和南澳大利亚东南部的火山活动伴随着玄武岩流仍在继续。维多利亚西南部的亨提产区（Henty GI）受青睐更多的原因是其凉爽的气候条件，而非玄武质土壤，该类型土壤多砾石或黏土质，土层相对较浅，排水性较差。在更新世晚期，南澳大利亚东南部的帕德萨韦有石灰岩沉积地层。在最后的冰川时期（5万～1.2万年前），海平面下降明显，石灰岩暴露在山脊上，从宽阔的海滩上吹来的黏土、淤泥和碳酸钙等

图2.5 澳大利亚莫宁顿半岛产区帕霖佳酒庄的红壤剖面

（照片由维多利亚农业研究中心的马克·伊姆霍夫博士提供）

细小颗粒使石灰岩层富集。在石灰岩山脊上形成的土壤充分排水，使碳酸盐被淋滤，铁被氧化，土壤从而呈现出特有的红色，南澳大利亚库纳瓦拉产区（Coonawarra GI）著名的红色石灰土就是这样形成的。虽然底层石灰岩呈多孔状，能够容纳大量的水，但钙结砾岩覆盖限制了根系的生长（图2.6）。这里的葡萄种植得益于优良的土壤和附近海洋温和的气候，赤霞珠（Cabernet Sauvignon）是该产区的标志性葡萄酒品种。

图2.6　南澳大利亚库纳瓦拉产区的红色石灰土剖面

（资料来源：White，2015. 牛津大学出版社）

不同类型岩石形成截然不同的土壤，加上从凉爽海洋到炎热大陆的气候变化，使澳大利亚东南部许多获得地理标志的产区能够生产出不同品种和风格的葡萄酒。

2.2.3　美国俄勒冈州和华盛顿州东部的哥伦比亚河谷产区

（1）地貌形成过程

美国俄勒冈州东北部和华盛顿州东部的哥伦比亚河谷产区（图2.7）在土

壤和葡萄栽培上与澳大利亚东南部产区形成了鲜明的对比。造成这一现象的主要原因是在最近的地质时期发生了多种多样的地貌形成过程。从1700万～550万年前的中新世时期开始，大量的玄武岩熔岩从地壳裂缝中流出，向西流向现在的蒙大拿州和爱达荷州北部，在有些地区覆盖厚达4 km，玄武岩岩床受到南北挤压形成一系列褶皱，褶皱分为背斜和向斜，绝大多数呈东西走向，现在被称为亚基马褶皱带（Pogue，2009）。

图2.7　美国哥伦比亚河谷产区的轮廓和地形

（资料来源：Kmusser/维基百科，基于美国地质勘探局和世界数字图表数据，CC BY-SA 3.0）

在更新世晚期，冰川湖暴发的灾难性洪水周期性地向哥伦比亚盆地北部和东北部蔓延，地貌被戏剧性地重新塑造成现在的形态，最后一次是1.8万～1.2万年前的米苏拉大洪水，这次洪水带来了大量的沉积物，同时也冲走了海拔

107 ~ 111 m（350 ~ 365 ft）以下的大部分先前沉积的沉积物。大量的砾石、砂子和粉砂根据洪水流速不同，不规则地散布在盆地各处。由于喀斯喀特山脉以西属于干旱–半干旱气候，因此强风过后产生了大量的风成沉积物（称为黄土）。这些沉积物在米苏拉大洪水最大深度以下的地区厚达2 m，在洪水较浅的地区厚达3 m。帕卢斯地区就是黄土地貌的一个很好的例子，如果有充足的水，在深厚肥沃的土壤上就可以进行葡萄高产栽培（图2.8）。

图2.8　美国哥伦比亚盆地中部帕卢斯起伏的黄土地区被麦田包围的春谷葡萄园全景

（2）土壤和葡萄

尽管从19世纪50年代，在东部盆地就开始种植葡萄，但直到19世纪70年代和80年代，首个美国葡萄种植区（American Viticultural Areas，简称AVA）——亚基马河谷法定种植区（Yakima Valley AVA）才被建立，葡萄酒行业才开始蓬勃发展，随后，哥伦比亚谷等多个法定种植区也得到了认可。连同哥伦比亚峡谷在内的这些法定种植区，在气候、地形、母质和土壤方面均存在显著差异。例如，西部日行迹酒庄（Analemma Estate）的土壤发育于玄武岩基岩和米苏拉洪水沉积物，这里种植有西拉（Syrah）和丹魄

（Tempranillo）等葡萄品种，除非养分充足，否则即使灌溉，葡萄也很难生长。虽然穿过峡谷的强风有利于预防病害，但对葡萄的生长十分不利。

　　向东进入中部盆地，葡萄种植在混有冲积物和崩积物的黄土上。酿酒葡萄最早于1917年在这里的斯奈普斯山法定种植区（Snipes Mountain AVA）种植，古老的亚历山大玫瑰葡萄目前仍在生产（图2.9）。在东部其他葡萄种植区中

图2.9　美国斯奈普斯山产区的阿普兰兹葡萄园里的一株百年亚历山大玫瑰葡萄树

重复出现非均质母质形成厚度多变的粉砂壤土，赤霞珠（Cabernet Sauvignon）、雷司令（Riesling）、霞多丽（Chardonnay）、梅洛（Merlot）、歌海娜（Grenache）、西拉（Syrah）和维欧尼（Viognier）等是该地区生产优质葡萄酒的主要葡萄品种，西拉与维欧尼可混酿出经典的罗纳风格葡萄酒。例如，在沃拉沃拉河谷产区（Walla Walla Valley AVA）上游，与东南部的蓝山接壤，陡峭的山坡上种植着高脚杯状藤蔓葡萄（图2.10）。葡萄树能够在梯田上种植，说明通过形成梯田改变土壤深度这一内在因子，对葡萄树长势和生产力有显著影响（见第五章内容"坡度与侵蚀敏感性"）。

图2.10　美国沃拉沃拉河谷产区七山和费格森葡萄园的陡峭山坡上高脚杯状葡萄树

在沃拉沃拉河谷产区的其他区域，葡萄种植在深厚黄土母质形成的砂质壤土上，这些深厚的土壤满足了霞多丽葡萄的需求。与其他年降水量<400 mm的黄土母质土壤一样，碳酸钙呈带状分布在不同的土壤深度上。碳酸钙可以增强黄土母质土壤的自然物理性质，提供钙离子来源，而钙离子是良好土壤结构的重要条件。相比之下，在一个最新的葡萄种植区——米尔顿-弗里沃特的岩石

区，种植者已经开发了古沃拉沃拉河的砾石冲积扇（图2.11），这些砾石沉积物深达几米，排水良好，因此在这种干燥气候下灌溉是必不可少的。由于地势低洼，冬季结冰会导致一些问题，如在萌芽期、开花期和坐果期发生霜冻，而在葡萄种植区中海拔较高的葡萄园则可以避免这些问题。

图2.11　美国米尔顿-弗里沃特岩石区SJR葡萄园生长在深砾石土上的健康葡萄树
（注意覆在树行间的一排大卵石）

上面所有提到的美国葡萄法定种植区都是哥伦比亚河谷产区的子产区，这里生产了华盛顿州99%的酿酒葡萄。鉴于肥沃的土壤条件、半干旱-干旱气候下的长日照、可利用的灌溉水以及较低发病率，葡萄种植在过去15～20年里迅速发展，华盛顿州现在是美国第二大优质葡萄酒生产地。

2.3　展望

土壤内在因子对葡萄园的地域感和风土具有深远的影响。本章简要介绍了世界各地一些葡萄酒产区的差异，印证了这种影响。然而，正如van Leeuwen

等（2016）所指出的，风土是农田生态系统中的一个属性。这一概念强调了一个事实，即除了土壤内在因子外，葡萄种植者还可以通过调控土壤的动态因子以及对葡萄品种和酿酒方法的选择来干预风土。在第三章中，我们将回顾这些土壤动态因子，如突出的物理、化学和生物因子及其相互作用，这些因子是土壤健康的基础。

2.4　总结

土壤的内在因子主要由其下层母质决定，无论是残积母质还是运积母质，它们都可以被土壤形成不同时期的成陆（地貌）过程所改变。在人类的时间尺度上，除了剧烈的地壳运动，它们本质上是不变的。土壤内在因子影响葡萄栽培与葡萄酒生产的案例来自世界上3个不同产区，即法国波尔多产区、澳大利亚东南部的差异明显产区以及美国俄勒冈州和华盛顿州东部的哥伦比亚河谷产区。如同气候一样，土壤的内在因子强烈地影响着葡萄种植者对葡萄园园地的选择。

参考文献

FARNDON J，2007. *The Complete Guide to Rocks and Minerals*. Anness Publishing，London，UK.

JEFFORD A，2002. *The New France*. Mitchell Beazley，London，UK.

POGUE K R，2009. Folds，floods，and fine wine. Geologic influences on the terroir of the Columbia Basin. In *Volcanoes to Vineyards*：*Geologic Field Trips through the Dynamic Landscape of the Pacific Northwest*.（Eds JE O'Connor，RJ Dorsey and IP Madin）pp. 1−17. Field Guide 15，Geological Society of America，Boulder CO，USA.

SEGUIN G，1986. 'Terroirs' and pedology of wine growing. *Experientia* 42，861−873. doi：10. 1007/BF01941763

VAN LEEUWEN C，ROBY J-P，DE RESSÉGUIER L，2016. Understanding and managing wine production from different terroirs. In *Proceedings of the 11th International Terroir Congress*. 10-14 July 2016，McMinnville.（Eds GV Jones and N Doran）pp. 388−393. Southern Oregon University，Ashland OR，USA.

WHITE R E，2006. *Principles and Practice of Soil Science*. 4th edn. Blackwell Publishing，Oxford，UK.

WHITE R E，2015. *Understanding Vineyard Soils*. 2nd edn. Oxford University Press，New York，USA.

扩展阅读

BIRCH W D, 2009. *Volcanoes in Victoria*. Royal Society of Victoria, Melbourne, Australia.

FITZPATRICK R, 2014. Coonawarra-the trauma of defining the terroir. *The Australian & New Zealand Grapegrower & Winemaker* 601, 33–39.

JOHNSON H, ROBINSON J, 2013. *The World Atlas of Wine*. 7th edn. Mitchell Beazley, London, UK.

ROBINSON J (Ed.), 2015. *The Oxford Companion to Wine*. 4th edn. Oxford University Press, Oxford, UK.

WHITE R E, 2012. Management of Australian viticultural soils. In *Below Ground Management for Quality and Productivity*. Proceedings of the Australian Society of Viticulture and Oenology-Phylloxera and Grape Industry Board of South Australia seminar. 28-29 July 2011, Mildura. (Ed. PR Petrie) pp. 4–8. Australian Society of Viticulture and Oenology, Adelaide.

WILSON J E, 1998. *Terroir: The Role of Geology, Climate and Culture in the Making of French Wines*. Mitchell Beazley, London, UK.

第三章
土壤健康的动态因子

在第二章中我们讨论了土壤健康的内在因子（包括母质、气候、地形和生物，及其在不同时间段的作用）如何奠定了某地成土过程的基础。现在我们转向讨论动态因子，这些因子在土壤满足多目标功能方面具有同等重要影响。它们可以通过长期措施被人为调节，使其适合葡萄生长并达到酿酒的目标。为了方便讨论，我们把这些动态因子分为物理、化学和生物3类。虽然这样分组，但我们要强调这些因子在土壤中是相互作用的，例如，黏粒组分的化学因子会显著影响物理因子，如土壤结构。同样，土壤微生物的栖息地在很大程度上取决于土壤结构，但微生物本身又通过新陈代谢产物影响该栖息地。

首为重要的是，最好在土壤剖面中观察土壤因子（这些因子能够很容易在土壤剖面中识别）。然而，对于化学和生物学因子而言，接下来的测定应该在实验室进行。我们将在第四章中讨论关键土壤因子的测定。

3.1 动态物理因子

3.1.1 有效土壤深度

在不受扰动的土壤剖面，土壤深度是一种固有性质。但是土壤深度可以被酿酒葡萄种植者人为改变，因此我们引入了"有效土壤深度"的概念作为动态土壤因子。

　　尽管土壤可能在土壤学意义上如土壤调查者所描述的那样有很深的剖面，但是对于葡萄藤蔓生长而言，阻碍层能够限制根系的穿透深度。例如，在南澳大利亚的库纳瓦拉产区发育于软石灰岩的红色石灰土（Terra Rossa soil）。在漫长的土壤形成过程中，在软石灰岩上方形成的坚硬的钙质层（胶结碳酸钙）能够限制根系的生长（图2.6）。在更新世冰川时期，由于暴露于岸边的风积物（如黄土）的积聚，有效土壤深度是可变的。另一个例子是在法国波尔多地区圣埃美隆（St Emilion）的阿斯特里石灰岩（Calcaire à Astéries）高原上，石灰岩上发育的土壤深度随风积物的增加而增加。

　　更常见的是，在石灰岩上发育的土壤深度较薄。当石灰岩溶解时，发育的土壤深度是由石灰岩中不溶性杂质（如石英砂和黏土）的数量以及表层有机质积累的深度决定的。在南澳大利亚巴罗萨谷石灰岩发育的浅层土壤，通常被称为黑色石灰土。在很多情况下，这种土壤需要深松，以增加有效土壤深度。另外，如在法国科多尔地区（Côte d'Or）的坚硬石灰岩上，葡萄根系可以利用岩石中的裂缝来吸收石灰岩孔隙中的水分。

　　其他例子如澳大利亚东南部常见的"复合土"（图2.4），其土壤剖面中可能出现阻碍层。当这类土壤的B层是压实的重黏土或强酸强碱土时，根系生长就会受到抑制，缓解或减轻这种抑制的方法将在第五章的"移栽前"一节中讨论。

3.1.2　土壤结构

（1）结构、孔隙度和质地

　　随着地衣、苔藓和地钱等原始生物体在风化的岩石颗粒上定殖，以及向先锋草和草本植物的自然演替，土壤结构开始形成。通过这些定殖植物的物理作用和以这些植物死亡残留物为食物的多种微生物作用，土壤结构逐渐形成。矿物颗粒（主要是黏土和残留的石英砂颗粒）与有机质结合形成团聚体，团聚体之间及其内部都有充满空气的孔隙空间。因此，各种形状和大小团聚体的排列构成了相互补充的孔隙空间排列，即土壤孔隙度。

　　最重要的矿物颗粒是通过筛分干燥土壤分离的小于2 mm（0.08 in.）的颗粒。大小为2～60 mm（0.08～2.4 in.）的岩石碎屑构成砾石，而卵石则更大。小于2 mm的部分又进一步细分为不同粒径等级，它们的相对比例决定了土壤质地。表3.1所示为两种广泛使用的关于土壤矿物颗粒的粒径分级标准。

表3.1 两种广泛使用的土壤粒径分级标准

国际标准[a]	粒径/mm	美国农业部标准（USDA）[a]	粒径/mm
黏粒	<0.002	黏粒	<0.002
粉粒	0.002 ~ 0.02	粉粒	0.002 ~ 0.05
细砂粒	0.02 ~ 0.2	细砂粒	0.05 ~ 0.1
粗砂粒	0.2 ~ 2	中砂粒	0.1 ~ 0.5
		粗砂粒	0.5 ~ 1
		极粗砂粒	1 ~ 2

注：a. Dane和Topp（2002）。

（2）葡萄园的土体构造

1）表层土（A层）

由于落叶落到土壤表层，且表层土中植物根系最为丰富，因此有机质、根系和微生物对表层土壤结构的影响最大。表层土的结构形成过程包括两个方面：一是细根的物理结合作用；二是由于根细胞的分泌物和脱落物，使根区周围形成一个狭小的有机质富集区域，称为根际。这些有机质是真菌和细菌等土壤微生物的食物来源，因此，根际土壤微生物数量远远高于周围土壤。植物的根和微生物产生的树胶及黏胶起黏合剂的作用，使土壤颗粒稳定聚合。图3.1a为根系缠绕的土壤团聚体，图3.1b是一个覆草土壤的松散团聚体，具有理想的粒径范围2 ~ 15 mm。这种团聚体水分很容易渗入，并有利于氧气（O_2）和二氧化碳（CO_2）等气体在土壤和大气之间交换。

表土层中有机质含量较大的部分呈深灰色到黑色，称为A1层。在一些"复合土"中，紧接着A1层下方可以看到一个颜色较浅的砂土-砂壤土质地的土层，通常称为漂白层A2层。A2层中形成团聚体的必要成分，如有机质、铁（Fe）和铝（Al）氧化物、黏土等含量较低。相对于A1层而言，A2层的土壤结构往往较差，这些团聚体呈水平层状分布，因此不利于水分垂直流动和气体交换。

2）亚层土（B层）

亚层土中有机质含量较低，所以其他形成团聚体的成分对团聚体的形成过程作用更为重要。最好的亚层土结构，往往土壤中铁、铝氧化物含量较高。这些氧化物（一般化学式为$Fe_2O_3 \cdot nH_2O$和$Al_2O_3 \cdot nH_2O$）能够将黏粒、粉粒和

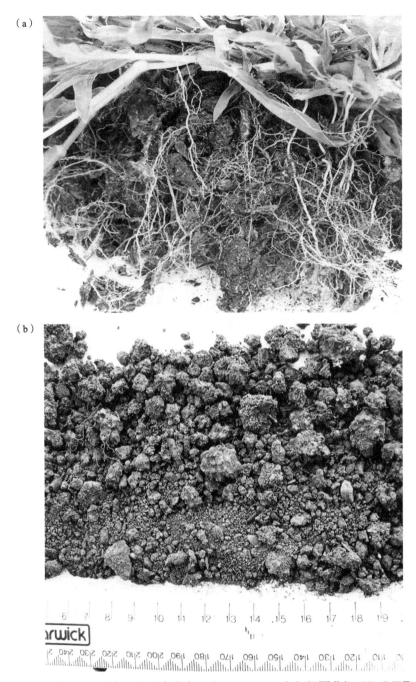

图3.1　（a）澳大利亚维多利亚州吉隆产区（Geelong GI）行间覆草根系促进团聚体的
形成；（b）澳大利亚维多利亚古尔本山谷产区（Goulburn Valley GI）行间覆草土壤下
形成的易碎半棱角块状团聚体

砂粒结合在一起，形成非常稳定的团聚体。在以氧化铁（最高氧化态的铁）为主的地方，土壤呈均匀的棕红色至暗红色，如图3.2中的南澳大利亚库纳瓦拉产区红色石灰土亚层土。通体呈红褐色或者铁锈色、结构良好的沉积层土壤，有利于排水。

图3.2　南澳大利亚库纳瓦拉产区富含氧化铁的结构良好、排水通畅的红色石灰土（Red Dermosol）亚层土［标尺是10 cm（4 in.）］

　　其他以非铁、铝氧化物为主的黏土矿物亚层土，颜色相对较淡。在黏土–重黏土亚层土中（黏粒含量>35%），可能会形成如图3.3所示的块状大团聚体。这样的亚层土容重较高，土壤强度过大，阻碍根系穿透，这是不理想的，我们将在下一节进行讨论。

图3.3　澳大利亚维多利亚州森柏利地区的"复合土"亚层土中大的块状团聚体
[小铲长度为30 cm（12 in.）]

（3）土壤容重、孔隙度和强度

容重（BD）是指未扰动土壤的干重除以体积，以兆克每立方米（Mg/m³）为单位。容重的范围为：有机质含量较高的土层，土壤容重<1 Mg/m³；壤土的容重为1.3 ~ 1.4 Mg/m³；黏粒为主的亚层土和一些压实砂土的容重为1.6 ~ 1.8 Mg/m³。容重在1.2 ~ 1.4 Mg/m³范围内的土壤最有利于葡萄生长，原因如下。

① 如表3.2所示，土壤容重和土壤孔隙度呈负相关。土壤孔隙度非常重要，因为它决定了葡萄根系可以伸展的土壤体积大小。对于容重为1.3 Mg/m³

的土壤，其孔隙率为0.5 m³/m³，或土壤体积的50%（表3.2）。这个孔隙体积测量的是土壤水分饱和时所能容纳的最大水量，或者是土壤完全干燥时空气填充孔隙空间的最大体积。表3.2清楚地显示，容重为1.8 Mg/m³的压实黏土底土，其孔隙率很低。

②容重影响土壤强度，土壤强度是土壤抵抗内部生长的根系或外部轮式机械施加压力的度量（小贴士5.6）。土壤强度是用对穿透器的阻力来测量的，其大小取决于土壤的含水量。强度随着土壤含水量的增加而减小，但这种关系取决于土壤容重；也就是说，在任意给定土壤含水量条件下，土壤强度随着容重的增加而增加。葡萄园的穿透计测量结果表明，在田间持水量（FC）下，土壤强度不应超过200 MPa，在永久萎蔫点（PWP）下，土壤强度不应超过3 MPa。FC和PWP这两个动态特征将在下一节中讨论。

表3.2　各种土壤类型的容重和孔隙度之间的关系

土壤类型	容重/（Mg/m³）	孔隙度ª/（m³/m³）	孔隙率/%
泥炭土壤	0.8	0.70	70
牧场土壤	1.2	0.55	55
耕地壤土	1.3	0.50	50
耕地黏土	1.5	0.45	45
压实砂质土壤	1.6	0.40	40
压实黏土底土	1.8	0.32	32

注：a.由公式计算孔隙率=1-BD/2.65；2.65为平均颗粒密度，Mg/m³。

3.1.3　土壤含水量及其有效性

（1）土壤含水量

因为水分占据了土壤中的孔隙空间，所以含水量通常表示为单位体积土壤中水分的体积（即体积含水量）。土壤含水量通常用符号θ（theta）表示。在葡萄园里，θ可以用电容探头或频域反射计等仪器进行无损测量。假设在常温下1 Mg水体积为1 m³，在实验室中也可以通过测量土壤的质量含水量乘以容重来估计θ。质量含水量通过将土壤样品在105℃条件下烘干48 h来测量，并用烘干土壤质量损失的部分表示。

θ的值很有用，因为θ的值可以直接表示单位面积土壤中水的"当量深度"。例如，1 m³的土壤体积，其值为0.25 m³/m³，这相当于1 m²土壤的水深度为250 mm（10 in.）。用这种方式表示，土壤含水量与降雨量、灌溉水和蒸发量有直接可比性，所有这些都是以mm为单位（每平方米土壤）表示。一个好的"经验法则"是，1 mm的雨水或灌溉水相当于向每平方米的土壤表面浇灌1 L水。

（2）土壤水分张力

动力控制水在土壤中的运动。在非盐渍土壤中，这些动力取决于重力和孔隙大小的分布（在盐渍土中，由于溶解盐的浓度不同，还有一个额外的渗透力）。当把一块完整的、未扰动、风干的、不含盐的土壤放在一个盛水的浅盘里，水首先被毛细管力吸进土壤最小的孔隙。当这些小的孔隙被水填满后，大的孔隙逐渐被水填满，空气被排出，直到下部土壤完全饱和。土块内顶部最大的孔隙不会完全充满水，因为向下的重力作用抵消了土壤大孔隙向上拉水的吸力或张力。因此，土块顶部的水受到的轻微的张力取决于土壤表面与土块底部水位的高度差（表3.3）。

表3.3　土壤湿度、水分张力与孔隙大小的关系

土壤湿度	土壤水分张力/kPa	相当于自由水的水柱当量高度/m	最大孔隙的当量直径/μm	孔隙描述与功能	与土壤质地和结构相关的含水量
非常接近饱和	0.1	0.01	1 500	非常大的孔隙和裂缝，排水非常快	压实黏土到泥炭质土壤，土壤含水量为0.32 ~ 0.70 m³/m³
田间持水量（FC）	10	1.0	30	由根系穿透形成的大孔隙	从结构良好的砂壤土到黏壤土，土壤含水量为0.35 ~ 0.45 m³/m³
永久萎蔫点（PWP）	1 500	153	0.2	团聚体内非常小的孔隙	从砂土到压实黏土，土壤含水量从0.1 ~ 0.35 m³/m³
风干土壤（相对湿度85%）	22 400	2 285	0.007	黏土胶束中的纳米孔	从砂土到黏土，土壤含水量从0.01 ~ 0.1 m³/m³

（3）排水及田间持水量

降雨或灌溉后土壤排水与土壤湿润是一个相反的过程。假设没有水分蒸发和根系吸收，最大孔隙中的水分首先在重力作用下排出。这些大孔隙包括由蚯蚓和老根通道形成的生物孔隙与团聚体之间的裂缝。大孔隙是指直径≥30 μm（0.03 mm）的孔隙，其对应的张力高达10 kPa（表3.3）。在这种张力下，土壤的含水量称为田间持水量（FC），有时也称为土壤的排水限（Drainable limit）。土壤的FC主要取决于土壤结构，其次为质地。与黏土相比，砂土的大孔隙比例较高，因此田间持水量（FC）较低。

（4）土壤水分蒸散和萎蔫

随着土壤通过蒸发和植物蒸腾作用（蒸散，ET）进一步干燥，水分从越来越小的孔隙中被植物吸收，直到根系吸收水分的速率不足以阻止植物萎蔫。植物的萎蔫表现为叶片膨压的消失，它既取决于土壤水分的张力，也取决于大气的蒸发力。干燥土壤中的导水率也影响着水向蒸腾植物根部的移动速率。然而，如果一株萎蔫的植物不能在一夜之间恢复，我们就称其已达到永久萎蔫点（PWP），通常，这时的土壤水分张力为1 500 kPa。PWP更多取决于土壤质地，特别是土壤黏粒的含量，其次是土壤结构。

（5）土壤水的有效性

介于FC和PWP之间的水分含量为土壤的有效水容量（AWC）。AWC可以在实验室中测量。但实践中，AWC通常用土壤质地来估算。此外，在AWC中包括速效水（RAW），葡萄可以在没有任何胁迫的情况下吸收该水分，当葡萄受到某些胁迫时，需要利用迟效水（DAW）。小贴士3.1给出了一些例子。

有效水容量是一个动态因子，因为FC和PWP都受到土壤结构和强度变化的影响。这种相互作用的结果用非限制性水区间（NLWR）（the non-limiting water range）表示，该参数考虑了在土壤干燥过程中，随着含水量向PWP减小土壤强度增加。在结构良好的土壤中，这个范围的上限是由FC决定的。而当土壤结构退化时，土壤容重增加，土壤强度变得过高，土壤含水量会增加。同时，由于大孔隙度的减少，有效田间持水量降低。这些因素的共同作用降低了NLWR。

小贴士3.1　不同质地土壤中有效水组成的估算

RAW和DAW之间的土壤水分张力边界取决于土壤的质地。在砂土中，RAW是FC张力为10 kPa至40～60 kPa时的土壤持水力。而在黏土中，RAW是FC张力为10 kPa至100～400 kPa时的土壤持水力。对于砂壤土和壤土等土壤，RAW的张力限值介于砂土和黏土之间。不同质地土壤RAW、DAW、AWC的变化范围见表B3.1.1。

表B3.1.1　不同质地土壤的速效水（RAW）、迟效水（DAW）和有效水容量（AWC）的估算值（mm水/m土壤深度）

土壤质地	RAW	DAW	RAW+DAW	AWC
壤砂土	55	15	70	86
砂壤土	64	28	92	115
砂黏壤土	71	41	112	143
黏壤土	65	51	116	148
重黏土	41	18	59	120

资料来源：White（2015）。

砂黏壤土和黏壤土有效水储存能力最强，壤砂土最差。还要注意的是，所有这些值都是用每米土壤深度的毫米水来表示，这使它们可以直接与降水量和蒸散量的测量值相比较。为了估算土壤含水量对植物的总有效性，即植物有效水分（PAW），我们不仅需要知道AWC，还需要知道有效土壤深度。因此，土壤剖面内的PAW源于AWC（表B3.1.1）和有效土壤深度（以m为单位）。同样的方法适用于土壤剖面内总RAW和DAW的计算。

（6）通气孔隙度和通气状况

当土壤排水到FC时，空气进入由水排出后的大孔隙。当含水量达到FC时，充满空气的孔隙体积，称为通气孔隙度（AFP），该参数是一个关键的动态因子。在结构良好的土壤中，AFP至少应为10%，这样O_2可以很容易地扩散到土壤中，而土壤中根系呼吸产生的CO_2也可以扩散出去，从而促进良好的通气，为如何通过AFP和AWC这两个动态因子评估土壤结构质量，提供了一个简单的框图。低AWC和低AFP的组合表示土壤结构较差，而高AWC和高AFP的组合表示土壤结构良好。

3.2 动态化学因子

尽管土壤溶液中的营养型阳离子和阴离子可以立即被葡萄根系吸收，但在任何特定的时间，相对于葡萄生长总需求来说，它们的数量都是很小的。因此，就土壤健康而言，我们必须考虑主要营养物质的储存，即风化的原生矿物、土壤有机质和次生矿物，如黏土矿物、铁铝氧化物、石膏（$CaSO_4 \cdot 2H_2O$）和方解石（$CaCO_3$）。

3.2.1 风化的原生矿物

原生矿物源于土壤母质。岩石的风化、侵蚀、沉积和地质时期的地壳运动，使次生矿物出现在松散母质和土壤中。由于固有的稳定性，原生矿物保存了下来。这样，原生和次生矿物的不同混合物成为土壤中营养和非营养元素的储存库。表3.4列出了常见的土壤矿物及其化学成分，表中矿物按照风化的难易程度排列。

表3.4　常见的岩石和土壤矿物

矿物	化学成分
石英	SiO_2
长石	（Na，K）AlO_2（SiO_2）$_3$ $CaAl_2O_4$（SiO_2）$_2$
云母	$K_2Al_2O_5$（Si_2O_5）$_3$ Al_4（OH）$_4$
黑云母	$K_2Al_2O_5$（Si_2O_5）$_3$（Mg，Fe）$_6$（OH）$_4$
角闪石	（Ca，Na，K）$_{2,3}$（Mg，Fe，Al）$_5$（OH）$_2$ [（Si，Al）$_4O_{11}$]$_2$
辉石	（Ca，Mg，Fe，Ti，Al）$_2$（Si，Al）$_2O_6$
橄榄石	（Mg，Fe）$_2$ SiO_4
高岭石	$Si_4Al_4O_{10}$（OH）$_8$
针铁矿	FeOOH

（续表）

矿物	化学成分
三水铝矿	$Al(OH)_3$
蒙脱石、伊利石或蛭石	$M_x(Si, Al)_8(Al, Fe, Mg)_4O_{20}(OH)_4$（M=层间阳离子，$x$是0.4～2）
水铁矿	$FeOOH \cdot (0.2～0.4)H_2O$
水钠锰矿	MnO_2（与Mn价态有关的复合物形式）
方解石	$CaCO_3$
石膏	$CaSO_4 \cdot H_2O$

资料来源：Sposito（2016）。

在土壤库中有的元素是葡萄正常生长和发育必不可少的。根据其在土壤中的含量，必需元素可分为：

● 大量营养元素，葡萄生长所需含量较高。
● 微量营养元素，葡萄生长所需含量相对较低。

表3.5列出了这两类元素及其在土壤中常见的离子形态。来自岩石矿物（C、N和O除外）中的大量和微量元素随着葡萄生长会出现各种损失、输入和转化。因此，其生物有效性是动态变化的。然而，风化岩石矿物能够提供不止1种营养离子，如小贴士3.2所述。

表3.5　土壤大量元素和微量元素及其化学符号和常见离子形态

大量元素（>1 000 mg/kg）	土壤中常见的离子形态	微量元素（<1 000 mg/kg）	土壤中常见的离子形态
碳（C）	HCO_3^-, CO_3^{2-}	铁（Fe）	Fe^{3+}（有时Fe^{2+}）
氢（H）	H^+	锰（Mn）	Mn^{4+}（有时Mn^{2+}）
氧（O）	H_2O及多种离子（如OH^-, NO_3^-, SO_4^{2-}）	锌（Zn）	Zn^{2+}
氮（N）	NH_4^+, NO_3^-	铜（Cu）	Cu^{2+}
磷（P）	$H_2PO_4^-$, HPO_4^{2-}	硼（B）	H_3BO_3, $B(OH)_4^-$
硫（S）	SO_4^{2-}	钼（Mo）	MoO_4^{2-}

（续表）

大量元素 （>1 000 mg/kg）	土壤中常见的离子形态	微量元素 （<1 000 mg/kg）	土壤中常见的离子形态
钙（Ca）	Ca^{2+}	镍（Ni）	Ni^{2+}
镁（Mg）	Mg^{2+}		
钾（K）	K^+		
氯（Cl）	Cl^-		

资料来源：White（2015）。

小贴士3.2 底层的岩石能否影响葡萄园的风土条件？

一些地质学家认为，一个产区生产的葡萄酒的独特特征是其风土的体现，这很大程度上不是归因于土壤，而是直接归因于下面的风化岩石。Swinchatt和Howell（2004）在一项关于加州纳帕谷葡萄园的研究中提到，在卢瑟福和奥克维尔等著名产区，葡萄藤的根系可以延伸到3.0～3.6 m（10～12 ft），甚至9.12 m（30 ft）的残余基岩物质中。因为这里的土壤很年轻（<1万年）而且很浅，所以人们认为下层岩石的厚度和性质是产生独特葡萄酒风味的原因。类似地，Wilson（1998）描述了法国博若莱风车磨坊产区花岗岩斜坡上的土壤是由于侵蚀而变浅，并推测该产区生产的独特葡萄酒风味，是由于葡萄根系进入到土层下面易碎的花岗岩中的锰层缝隙而形成的。在南澳大利亚的麦克拉伦河谷，酿酒葡萄种植者认为，当地年代差异巨大的岩石分布是地质学和该区域葡萄酒多样化品种和风味之间联系的关键（McLaren Vale，2018）。

然而，地质只是决定既定地区土壤类型的因素之一，在不同的时期内，所有成土因素的影响都综合体现在形成的土壤中（见第二章"内在因子"）。因此，正是土壤以及主要的环境和人类的影响，决定了一个产区的风土条件。我们将在第六章和第七章讨论风土条件。

3.2.2 土壤有机质

（1）分解和生物合成过程

有机质主要来自植物的残余物，如落在土壤表面的茎叶凋落物和根系残留物，包括根分泌物、脱落的根细胞和死根。有机质也包括以这些植物残余物为食物的地上和地下生物的粪便和死亡后留下的残体。大型生物和微生物对原始有机物质的消耗是一个分解过程，而有机体的生长是合成性的，通过有机化合物氧化产生的代谢来实现。因为涉及各种各样的生物，尤其是微观层面，所以在土壤有机质分解和生物合成这个中心主题上有许多变化。其中一些更重要的内容将在本章"动态生物因子"一节中进行讨论。值得一提的是，从有机残留物转化为土壤有机质（SOM），包括微生物的生物合成和分解两个过程，涉及以下广泛的变化。

- 通过物理破裂和化学变化产生的具有较大表面积的胶体状终端物质，与矿物颗粒密切接触。
- 通过生化反应，增加了如羧基（—COOH）和酚基（苯酚—OH）等酸性基团的密度，这些基团可以在pH值<4到pH值>10的范围内离解质子（H^+）（产生与pH值有关的电荷）。
- 微生物细胞合成的各种有机分子，一些是必要的细胞成分，另一些是合成反应的副产品，这增加了SOM的化学复杂性。

SOM在土壤结构形成和稳定中的重要性，以及其后续对排水、通气和AWC的影响，已在本章"土壤结构"一节中进行了讨论。此外，在正常pH值范围（4~9）内带负电荷的胶状物质的形成，有助于提高土壤保持阳离子的能力（阳离子交换量，CEC）。小贴士3.3讨论了SOM及其对土壤CEC的影响。

（2）有机质的络合作用

由有机质贡献的CEC所带的负电荷，可以与Ca^{2+}、Mg^{2+}、K^+、Na^+和NH_4^+等阳离子结合，这些阳离子可以与土壤溶液中的阳离子进行交换，因此具有生物有效性。但是，许多具有高密度的羧基、酚基和羰基（C=O）的有机分子，各个基团的排列可以与金属阳离子形成稳定的络合物，特别是与Fe^{3+}和Al^{3+}，以及铜（Cu^{2+}）、镍（Ni^{2+}）、钴（Co^{2+}）、锌（Zn^{2+}）和锰（Mn^{2+}）。一定大小的阳离子与有机基团的"钳形作用"可以使这些配合物的稳定性非常高，这一过程称为螯合，形成的螯合物会影响阳离子微量营养元素的生物有效性。螯合作用对降低潜在污染物如镉（Cd）、铅（Pb）和汞（Hg）的生物有效性也很重要。然而，在葡萄园中，由于长期使用控制真菌病原体的铜制剂，土壤生物的活性，特别是蚯蚓数量，可能会受到高浓度铜的不利影响。

　　为了便于比较，SOM的含量最好用其主要组成成分有机碳（C）来表示，约占SOM干重的50%。土壤有机碳（SOC）值的范围一般为<1%～10% C（<10～100 g C/kg土壤），其大小取决于土壤类型、土壤管理和环境条件。土壤有机碳含量在砂土中最低，特别是该类土壤被开垦种植时；土壤中有机碳在寒冷潮湿气候下的永久草场中最高。在葡萄园中，当葡萄行间进行清耕时，有机碳含量会随着时间的推移缓慢下降，因为碳物料的归还很小。然而，当有永久性覆盖作物或使用堆肥时，有机碳含量可能会随着时间的推移缓慢增加。在没有扰动的土壤剖面中，大部分土壤有机碳沉积于表层，主要分布在15～20 cm（6～8 in.）的表层土壤。

　　有机物的CEC，如黏土矿物的CEC，以每千克土壤厘摩尔电荷（$cmol_c$）表示（这与一些实验室仍在使用的毫当量/100克（meq）单位相同）。根据有机物的来源和分解程度，其CEC可以在50～150 $cmol_c$/kg干土变化（在pH值为8.2时进行测定，此时所有的酸性基团都被解离）。SOM对土壤CEC的影响取决于土壤的黏土矿物含量及类型。一般来说，增加砂质土壤（砂粒>80%）的SOM就能对土壤CEC产生实质性的影响，而增加黏土的SOM（黏粒>35%）对土壤CEC的影响相对较小，尤其是2∶1型黏土矿物（表3.6）。

3.2.3　黏土矿物组成和CEC

　　表3.1将黏粒组成定义为粒径<0.002 mm（2 μm）的等效球形颗粒。然而，黏土矿物中常见的矿物-晶体黏土矿物是盘式的，所以球形只是一种近似的假设，是黏土矿物晶体的总体示意图。铁、铝和锰的氧化物（表3.4）以沉淀涂层的形式出现在黏土矿物上，或者在浓度足够高的情况下以不同形状的单独结晶颗粒的形式出现。黏土组分中还有残余的石英颗粒，大致呈球形，也有成土矿物方解石和石膏（土壤形成过程中形成的矿物）。

（1）黏土矿物属性

1）晶体结构

黏土矿物是一种层状晶格结构的铝硅酸盐，由铝氧八面体和硅氧四面体结合构成。高岭石是1∶1晶格（Si∶Al）型黏土矿物，而其他重要的矿物是2∶1晶格结构（一个Al片夹在两个Si片之间）。表3.6列出了常见的黏土矿物。在土壤中，这些矿物是非常小的颗粒，因此有很大的比表面积，从约1×10^4 m^2/kg的高岭石晶体，到1×10^5 m^2/kg的伊利石，再到$(1 \sim 7.5) \times 10^5$ m^2/kg的蛭石和蒙脱石。各种大小分子都可以被吸附到这些矿物的表面上，这一过程称为吸附。

表3.6 葡萄园土壤中常见黏土矿物的一些特性

黏土矿物	单位层Si∶Al	每层负电荷	有效CEC（cmol/kg）
高岭石	1∶1	<0.01	5 ~ 25[a]
伊利石（含水云母）	2∶1	1.2 ~ 1.7	20 ~ 40[b]
蛭石	2∶1	1.2 ~ 1.8	150 ~ 160
蒙脱石（包括蒙脱土）	2∶1	0.4 ~ 1.2	70 ~ 170

注：a. 依据土壤pH值；b. CEC不能完全反映层电荷，因为层间的K^+是不可交换的。

资料来源：While（2006）和Sposito（2016）。

2）晶格电荷（Lattice charges）

黏土矿物的一个显著特征，除高岭石之外，矿物晶格中的硅铝被大小相似但化合价不同的离子取代时，可以产生电荷。这是一个同晶替代的过程。Al^{3+}取代四面体晶片中的Si^{4+}，Mg^{2+}或Fe^{2+}取代八面体晶片中的Al^{3+}，产生永久负电荷。这些负电荷必须被阳离子（交换性阳离子）中和，这样阳离子就可以从土壤溶液中被吸附到矿物表面。

在蒙脱石中，矿物表面和吸附的阳离子之间没有特定的相互作用，因此它们可以自由交换。然而，在伊利石中，如果K^+和NH_4^+失去它们的结合水壳，它们就可以紧贴在两个相对的四面体晶片的孔隙中，并在晶体中紧密结合。这是K^+和NH_4^+在伊利石的层间空间不可交换（或"固定"）机制。

层电荷可被交换阳离子平衡，是黏土矿物CEC的基础。表3.6给出了有效CEC的范围。高岭石具有较低的CEC，因为它的同晶替代极小。然而，由于高岭石晶体相对较大，晶格中Al和Si原子不能满足化学价态平衡，因此它们有大量的边缘面产生电荷。边缘面对土壤溶液pH值变化的响应类似于SOM中与pH值有关的电荷。在pH值<6时，边缘面带净正电荷，在较高的pH值时转变为带负电荷。

（2）铁、铝、锰氧化物及阴离子吸附

表3.4列出了铁、铝、锰的常见氧化物和氢氧化物。铁和铝的氧化物，统称为倍半氧化物，其在氧化土或富铁土等高风化土壤中占主导地位（表3.7），通常称为红壤。这些土壤呈红色，表明其主要为氧化铁（赤铁矿）。

表3.7　几种土纲A层的代表性阳离子交换能力[a]

土纲		CEC（cmol$_c$/kg）
ST	ASC	
氧化土（Oxisols）	富铁土（Ferrosols）	8
老成土（Ultisols）	强酸土（Kurosols）	9
淋溶土（Alfisols）	淋溶土（Chromosols）	15
新成土（Entisols）	原始土（Rudosols）	20
始成土（Inceptisols）	细毛土（Tenosols）	20
软土（Mollisols）	肤质土（Dermosols）	24
灰土（Spodosols）	灰土（Podosols）	27
旱成土（Aridisols）	石灰土（Calcarosols, Sodosols）	30
变性土（Vertisols）	变性土（Vertosols）	50
有机土（Histosols）	有机土（Organosols）	100

注：a. 这个列表并不完整，分类之间的相关性只是近似的。

资料来源：lsbell（2002）和Sposito（2016）。

无论是结晶差的颗粒，还是黏土矿物的包裹层，或是伊利石和蛭石的夹层，由于H$^+$离子在边缘面的结合或解离（如高岭石），倍半氧化物表现为均可带有与pH值有关的电荷。当pH值为8～9时，这些边缘是中性的，所以当pH值处于正常土壤pH范围时，这些矿物质边缘带一个净正电荷。正电荷可以吸引如磷酸盐（$H_2PO_4^-$）、硫酸盐（SO_4^{2-}）等阴离子以及各种有机酸阴离子。离子吸附是矿物表面保有离子的重要机制。事实上，磷酸盐无法被葡萄吸收的主要原因是磷酸盐阴离子通过取代质子化的羟基（OH）进入氧化物表面。在排水不良的沉积层土壤中，铁（Fe^{3+}）氧化物断断续续地还原为溶解性更强的亚铁（Fe^{2+}）形式，以及随后的再氧化，产生橘红色和苍白色的镶嵌物，称为斑块（图3.4）。这些斑块通常与交替氧化还原条件下形成的小黑斑MnO_2相联系（Mn^{4+}氧化↔Mn^{2+}还原）。

图3.4　位于澳大利亚维多利亚州森柏利产区的葡萄园土壤沉积层中排水不良的斑块

（资料来源：White，2015. 牛津大学出版社）

（3）交换性阳离子和葡萄营养

CEC表示土壤中可以保有的Ca^{2+}、Mg^{2+}、K^+和Na^+的量，以$cmol_c/kg$表示。表3.7给出了两种主要土壤分类方案［土壤分类系统，ST（土壤调查人员，1999）；澳大利亚土壤分类系统，ASC（Isbell，2002）］中公认的土壤A层中CEC的值。可以很清楚地看出，变性土（含蒙脱石黏土的土壤）主要体现黏粒含量和黏土矿物类型的影响；有机土主要体现SOM的影响。

交换性阳离子是葡萄生长的重要养分库。在中性到碱性土壤中，交换性Ca^{2+}、Mg^{2+}、K^+和Na^+的比例一般分别为60%～80%、10%～20%、5%～10%和<5%。在有游离$CaCO_3$的土壤中，CEC几乎被交换性Ca^{2+}饱和，因此，Mg和K有效度可能会出现问题。酸性土壤中，可交换的H^+离子最初弥补了电荷平衡，但这些离子逐渐被黏土矿物释放的Al^{3+}及其水解产物$AlOH^{2+}$和$Al(OH)_2^+$所取代。在极酸性土壤中（pH值<4.5），交换性Al^{3+}（CEC>5%）可能足以抑制葡萄毛细根的生长，并限制其对磷的吸收。

从营养的角度来看，每千克土壤CEC中Ca^{2+}、Mg^{2+}和K^+等阳离子的绝对数量是重要的，而不是Albrecht（1975）体系中主张的Ca：Mg、Ca：K或K：Mg的任何特定比例。然而，对与土壤结构稳定性相关的物理性质，如容重、土壤强度和导水率，一些特定的阳离子组成和比例是重要的。

（4）交换性阳离子和团聚体稳定性

黏土矿物的稳定排列是微团聚体形成的先决条件，而微团聚体反过来又支撑着生物因素（细根、真菌和蚯蚓）主导的大团聚体的形成。对于伊利石、蛭石和蒙脱石等2：1型黏土矿物而言，这种排列是在单个晶体接近于大致平行排列时实现的，称为面对面（F-F）絮凝。对于高岭石等1：1型黏土而言，最稳定的排列是带正电荷的边被吸引到带负电荷的平面，这种排列方式称为边对面（E-F）絮凝。当带负电荷的表面排斥力被强烈吸附在平面上占优势的Ca^{2+}或水解的Al^{3+}抵消时，F-F排列是有利的。当土壤pH值<6，高岭石带有净正电荷的边缘被吸引到带负电荷面时，E-F排列有利。

（5）钠吸附比

当一价阳离子K^+和Na^+被吸附时，它们倾向于保持水合分子，所以它们对黏土表面的吸引力不强。水合Mg^{2+}结合强度和絮凝能力中等，介于单价阳离子和二价Ca^{2+}之间。其实际效果是，在常见的交换性阳离子中，Ca^{2+}形成稳定微团聚体的黏土絮凝能力最强，而Na^+最差。根据美国土壤盐分实验室（1954）的研究，这种效应可用钠吸附比（SAR）表示。这是为土壤溶液或灌溉水设定的一个指数，用来估计黏土持有交换性Na^+的可能性。

SAR计算公式为：

$$SAR = \frac{\left[Na^+ \right]}{\sqrt{\dfrac{\left[Ca^{2+} + Mg^{2+} \right]}{2}}}$$

这里的阳离子浓度以$mmol_c/L$表示，小贴士3.4中讨论了对SAR概念的修正。

小贴士3.4 土壤结构稳定性的阳离子比

最近人们认识到Mg^{2+}在黏土絮凝中的作用相对于Ca^{2+}较低，而K^+相对于Na^+有一定的絮凝作用。因此，Rengasamy和Marchuk（2011）设计了一个修正的比值，称为土壤结构稳定性的阳离子比（CROSS），该比值计算公式如下：

$$CROSS = \frac{\left[Na^+ \right] + a\left[K^+ \right]}{\sqrt{\dfrac{\left[Ca^{2+} \right] + b\left[Mg^{2+} \right]}{2}}}$$

阳离子浓度如SAR所定义，用$mmol_c/L$表示；a和b是值<1的系数。使用SAR或CROSS来评估是否应该能发生反絮凝或分散时，必须根据溶液中盐的总浓度来进行：该浓度越低，预期分散的SAR或CROSS阈值就越低。图B3.4.1显示了土壤在一定范围内溶液浓度的分散效应。

SAR或CROSS的增加通常与交换性Na^+的增加有关，表示为钠碱化度（ESP）。超过ESP的临界值，黏土很可能分散，特别是当土壤溶液浓度较低时。在美国，ESP临界值是15%。在澳大利亚，可能是由于澳大利亚许多亚层土中高浓度Mg^{2+}的分散效应，ESP临界值≥6%。高于这个临界值的土壤称为碱土。图B3.4.2表示葡萄园亚层土团聚体的破碎（潮解）和黏土分散，其ESP值为18%。

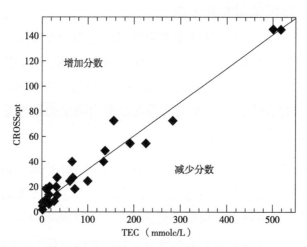

图B3.4.1 澳大利亚新南威尔士州滨海沿岸产区石灰性土壤的CROSSopt（最优）与TEC（全电解质浓度）的关系（CROSSopt计算取系数a和b的优化值分别为0.335和0.076）

[资料来源：美国加州大学伯克利分校Gary Sposito教授，图来源于Oster等（2016）]

图B3.4.2 雨水中正在坍塌的底土团聚体分散的黏土在周围形成黄褐色的悬浮物，右下方的一块小石头没有受到影响（土样来自澳大利亚维多利亚州森柏利产区的葡萄园）

3.2.4　土壤中的微量营养元素库

微量营养元素（表3.5）是许多在岩石风化过程中释放出来的痕量营养元素的一部分。虽然在正常有氧条件下释放的速度非常慢，但在厌氧条件下可以加快。因为微量元素可以发生吸附、沉淀等化学反应，以及可以和有机分子发生螯合作用形成复合体，所以微量营养元素在土壤中的行为是动态的和复杂的，但可以明确如下总体原则。

● 微量营养阳离子Fe^{3+}、Zn^{2+}、Cu^{2+}、Mg^{2+}、Co^{2+}和Ni^{2+}可以被负电荷表面吸附。该成分组成土壤中"不稳定"或生物有效库。由于吸附力强，这些离子不易被转移到溶液中。根据它们的水解倾向（从水合分子中失去一个质子），即使这些阳离子是带正电荷的，它们也可以被吸附在氧化物表面。

● 三价铁离子（Fe^{3+}）在低pH值下水解，而其他阳离子在高pH值下水解，这是这些阳离子形成不溶性氢氧化物沉淀的第一步。因此，这些阳离子的有效性随着pH值的增加而降低，表现为在石灰性土壤（pH值>8）上发生的"缺铁性失绿症"，以及在高pH值下的锌和铜缺乏症。

● 有机物质（见本章前面的"土壤有机质"）络合微量营养元素阳离子形成复合物过程，与阳离子形成不溶性氢氧化物沉淀过程相竞争。当形成的有机复合物不可溶解时，这种络合消耗了溶液中的自由离子；然而，也可以形成可溶性有机复合物，使微量元素保持在溶液中。例如，高pH值土壤中铁的有效性可以通过提供铁与乙二胺二邻羟基苯乙酸（EDDHA）的络合来提高。

● 钼以阴离子钼酸盐（MoO_4^{2-}）的形式存在，钼酸盐在低pH值下吸附最强。硼（B）以硼酸（H_3BO_3）的形式存在。硼酸与氧化物表面通过释放质子的方式发生反应，当pH值≤9.5时，硼酸的吸附量随着pH值的增加而增加；当pH值>9.5时，硼酸盐阴离子$B(OH)_4^-$成为优势形态，带负电荷并被氧化物表面排斥。

● 氧化还原反应改变了铁、锰化合物的溶解度。还原态Fe^{2+}和Mn^{2+}在厌氧条件下更受欢迎，比氧化态更容易溶解，因此更容易移动。

3.2.5　土壤pH值、电导率和全可溶性盐类

土壤pH值对土壤理化性质和养分有效性有重要影响，它也影响土壤微生

物区系的组成和行为（见本章后面的"动态生物因子"）。土壤pH值用田间比色试剂盒大致测定，也可以在实验室用1∶5的悬浮液或0.01 mol/L CaCl$_2$溶液精确测量。

如果在水悬浮液中测量土壤的pH值，电导率（EC$_{1∶5}$）也可以在测定pH值之前的上清液中测量。电导率单位为西门子/米（dS/m）。可以通过乘以0.336（Rayment and Lyons，2011）来估算土壤全可溶性盐TSS（%）含量（注意TSS缩写也表示葡萄汁中的总可溶性固形物）。因为黏土上的Ca^{2+}逐渐被Na$^+$替代，所以持续高的TSS对土壤结构是不利的。

EC$_{1∶5}$常被转换为饱和提取EC（EC$_e$），因为大部分有关葡萄耐盐性的数据都用后者来表示。表3.8显示了土壤质地对其转化的影响。

表3.8　不同质地土壤EC$_{1∶5}$转化为EC$_e$的系数

土壤质地	EC$_{1∶5}$转化为EC$_e$的系数
壤砂土	13
粉砂壤土	12
砂壤土、壤土	11
砂黏壤土、黏壤土	9
砂黏土、壤黏土、轻黏土	7
中重黏土	5

资料来源：White（2015）。

3.3　动态生物因子

3.3.1　总体概念

就葡萄而言，土壤生物有如下差异：

● 以活的葡萄根系或其他部分为食的寄生生物，以及某个阶段生活在土壤中的病虫害生物，这些生物对葡萄生长有害，如根瘤蚜虫（*Daktulsphaira vitifolae*）、根结线虫（*Meloidogyne*）和霜霉病菌（*Plasmopara vitirola*）。

● 生活在土壤中的异养生物，以死亡的有机物为食，并获取生长所需的能量，如细菌假单胞菌（*Pseudomonas*）和芽孢杆菌（*Bacillus*），真菌放线菌（Actinomycete）和担子菌（Basidiomycete）。

● 其他被称为自养生物的微生物使用替代底物来获取能量，例如，硝化杆菌属（*Nitrobacter*）和亚硝化单胞菌属（*Nitrosomonas*）。异养微生物的活动一般是有益的，但自养微生物的活动可能有积极和消极两方面的影响。

● 与葡萄根系共生的生物，如丛枝菌根真菌（AMF）。这种共生对真菌和葡萄，以及在葡萄园中作为覆盖作物生长的植物都是有利的，有助于促进葡萄从根际更好地吸收养分。

我们将在第四章讨论第一类别生物。这里我们详细阐述第二、第三和第四类生物的作用及其介导的土壤碳循环。

3.3.2 碳循环

追踪土壤中碳的去向是了解土壤动态生物因子的基础。SOM的来源在"土壤有机质"部分已经讨论过。本节讨论碳转化途径的多样性，包括有机质分解的最终产物、依赖有机质的土壤生物之间的相互关系、碳循环与其他养分转化以及对葡萄生长的效应等方面的联系。

(1) 微生物生物量、微生物生态学和碳转化途径

土壤生物被统称为土壤生物量。在生物量中，我们认为微生物量，包括微生物（也统称为土壤微生物组）被描述为"针眼"，土壤所有有机物都必须通过它。毫无疑问，这一概念阐述了微生物种群组成和决定SOM性质方面的微生物过程的重要性。总而言之，微生物生物量可能只占总有机质的2%～4%，但其活性对土壤功能至关重要。

"微生物生态学"一词被用作直接或间接依赖碳基质的所有土壤生物之间相互关系的通用描述符。这一概念被形象地称为土壤食物网，其中第一级营养水平（供养）是有机残留物，包括植物凋落物、死根、动物粪便。较高营养级生物逐级以其为食（图3.5）。为了使土壤保持健康，碳应该不受限制地通过生物体网络流动，这个过程称为碳转化。随着生物体的生长、排泄、被其他生物体消耗和死亡，一个复杂的有机复合体被合成，在有氧条件下，产生CO_2。更难降解的微生物分子以及植物难降解的木质素等分子是SOM转化时间较长的原因（SOM的这一组成部分过去被称为"腐殖质"，但现在被称为"稳定

有机物")。其他较不稳定的分子如糖、蛋白质和核酸可以被迅速分解,影响氮、磷、硫等元素的转化。一些合成的复合有机分子可能对葡萄和覆盖作物有促生长作用。

在土壤生物量中,我们需要区分以下组成成分。

"粉碎者",指大型无脊椎动物,它能把大的有机物分解成更小的部分,但几乎没有消化能力;"分解者",指能产生胞外酶、分解有机物碎片的微生物,其也能吸收可溶性碳化合物。

"分解者"主要由细菌、古细菌、真菌、放线菌、异养藻类和原生动物组成,属于第二级营养水平,而"粉碎者"则属于第三和第四级营养水平,包括节肢动物(成虫和幼虫)和线蚓。为了完整起见,我们应该在图3.5的第三级营养水平上添加蚯蚓和线蚓,它们在适宜的温度和湿度条件下是重要的有机物"粉碎者"。

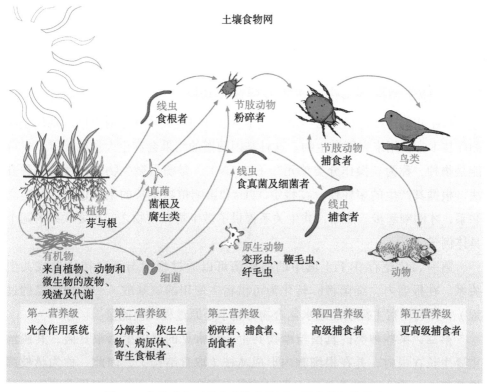

图3.5 自然生态系统中土壤食物网不同营养级的代表

[资料来源:《土壤生物学入门》修订版,美国爱荷华州安科尼水土保持协会,2000年]

（2）生物平衡

一个适当功能的食物网在不同层次间和同一层次中都会达到生物平衡。当蚯蚓受到抑制，植物凋落物堆积在土壤表面，没有进到土壤中，就会导致失衡。而在土壤pH值<5，或土壤表土层干燥或土壤经常被耕作干扰时，蚯蚓就会被抑制。

真菌应占微生物生物量的50%左右，所以失衡的另一个特征是细菌生物量超过真菌生物量。这可能发生在定期耕作的土壤中，因为干扰会破坏真菌菌丝，生长较快的细菌会利用这种竞争减少的环境迅速生长。真菌还能更有效地分解木质化物质（如木材、草和谷物残留物），所以当这些物质的输入量很小时，细菌的数量往往超过真菌。然而，真菌在干燥土壤中比细菌有一个优势，因为丝状生长的菌丝能够使它们在潮湿的微环境之间架起桥梁。这使得它们能够食用水生细菌无法接触到的有机物。虽然真菌与细菌比低的土壤对葡萄生长可能没有直接影响，但其诱发条件（过度耕作、还田的残茬类型）往往与土壤结构恶化有关，对有效水分和通气孔隙度产生不利影响。然而，也有微生物群落结构直接影响土壤在植物生长中功能的其他例子（见下一节）。

3.3.3　微生物群落结构、生物多样性和功能

微生物群落结构包括已鉴定的微生物及其遗传关系和相对丰度。现代基因测序技术常被用来识别微生物。这种基因图谱的结果会产生大量的类群，也可能是物种，称为"操作分类单元"（OTUs），是衡量微生物多样性的一种方法。根据其产生的多样性，在特定OTUs和影响植物生长的土壤过程之间建立联系，才刚刚起步。然而，共生关系提供了微生物和植物之间重要联系的两个具体例子。

第一，广泛存在于土壤中的根瘤菌可以通过根瘤与豆科植物形成共生关系。在根瘤内，细菌将N_2转化为可供宿主使用的氨基酸（一种固定氮的过程），并利用宿主提供的碳水化合物为这个还原过程供应能量。

第二，某些种类的真菌与植物共生。最常见的是内生菌根真菌，其菌丝主要生长在根内，并在根细胞内形成丛枝（取食结构），因此，称为丛枝菌根真菌（AMF）。真菌从宿主那里获得有机物，同时向宿主提供营养物质，特别是磷，由外源菌丝从根际土壤中吸收。葡萄根通常会感染AMF，根瘤菌

和AMF在营养不良的土壤中作用最好，当氮和磷矿质形态的有效性较高时，AMF的有效作用也会降低。

3.3.4　氮转化

在活细胞中，氮和碳通过蛋白质、嘌呤和嘧啶中的C—N键紧密结合在一起。当植物凋落物等有机物被微生物分解时，一部分有机碳转化为CO_2，一部分有机氮转化为铵离子（NH_4^+），称为矿化作用。反过来，矿物氮转化为有机氮的过程称为氮的固定。这些对立过程之间的平衡主要由被分解的有机质的碳氮比、相关微生物的碳氮以及它们的生长效率（即有机质中碳转化为微生物组织的比例）决定，发生净矿化的碳氮比临界值约为20。

如表3.9所示，同一种材料的碳氮比因其来源不同而不同，不同材料之间也存在差异。豆科植物，如三叶草、野豌豆和苜蓿可以将大气中的氮固定在蛋白质中，因此碳氮比很低；谷物秸秆碳氮比很高，葡萄藤叶子碳氮比居中。假定碳氮比临界值约为20，我们预测豆科植物残余物会立即发生净矿化。对于谷物秸秆，则会进行净氮固定，微生物利用现有的土壤矿质氮来满足其氮需求。由于氮在微生物生物量中反复循环，碳被转化为CO_2，残余碳底物（主要是微生物产物和残留物）的平均碳氮比降低，最终发生净矿化。结果表明，在健康土壤中，稳定有机质的碳氮比在10~15，但无机氮的释放速率较慢。

表3.9　添加到葡萄园土壤中的有机物质的碳氮比

有机物质	范围	中位数
谷物秸秆	40~120	80
豆类（三叶草和苜蓿）	15~25	20
畜禽粪便（家禽、猪、牛）	8~25	15
堆肥	15~30	22
赤霞珠葡萄藤		
叶片	26~44	
两年生树干	—	80
白诗南葡萄（落叶和修剪物）	—	22

资料来源：White（2003，2006）。

铵离子及其氧化产物硝酸盐（NO_3^-）共同构成土壤中的矿物氮，这些养分可以被植物吸收（现在的研究表明，在氮严重受限的生态系统中，一些简单的氨基酸也可以被植物吸收，但对于栽培作物来说，氮的主要来源是矿物氮）。因为环境因素影响矿物氮形成速率和可能发生的各种流失途径，所以矿物氮是一种最具动态的土壤因子。

（1）氮的输入与损失

1）挥发损失

氮矿化的第一步（有时称为氨化）可以简单地表示为

$$有机N \rightarrow NH_4^+ + OH^- \tag{3.1}$$

虽然这是一个碱化反应，NH_4^+离子会经历几步转化过程，导致土壤pH值变化。例如，NH_4^+离子与氨气（NH_3）的平衡状态依赖于土壤pH，反应式如下：

$$NH_4^+ \leftrightarrow NH_3 + H^+ \tag{3.2}$$

在pH值>8的土壤中，反应式3.2向右进行有利于NH_3的产生，这是当肥料如尿素施到土壤表面而没有随着灌溉水进入到土壤中时，NH_3挥发损失的重要途径。

2）硝化、淋溶和土壤酸化

在好氧条件下，亚硝化单胞菌属和亚硝化螺菌属的自养细菌将NH_4^+氧化为亚硝酸盐（NO_2^-）。氧化过程为这些从CO_2中获取碳的生物生长提供能量，这是硝化反应的第一步。催化这种氧化过程的酶是氨单氧化酶，所以实际的底物是NH_3（宏基因组学研究表明，古细菌也可产生NH_3氧化酶。在低pH时，它们对NH_3氧化的贡献较显著）。因此，初始硝化反应表示为：

$$NH_3 + 1.5O_2 \rightarrow NO_2^- + H^+ + H_2O \tag{3.3}$$

将反应（3.2）和（3.3）加在一起表明，每氧化1个NH_4^+，会产生2个H^+离子。然而，氨化反应（反应式3.1）过程中产生的OH^-平衡了其中的1个H^+离子，所以1个NH_4^+氧化后净产生1个H^+离子。

硝化反应的第二步是硝化杆菌属、硝化球菌属和硝化螺菌属将NO_2^-氧化为NO_3^-。在这个反应中不会产生H^+。由于它相对于硝化反应的第一步发生得很快，因此土壤中NO_2^-的浓度通常很低。

反应（3.3）具有酸化土壤的潜力。如果所有硝化产生的NO_3^-被植物吸收以交换OH^-或HCO_3^-，H^+则被OH^-平衡，所以土壤pH不会发生变化。然而，更有可能的是，一些NO_3^-伴随着Ca^{2+}等阳离子被淋溶到根区以下，过剩的H^+仍然存在。随着时间的推移，特别是当大量使用铵态氮肥或尿素时，NO_3^-淋溶将导致严重的土壤酸化。在大量降雨或过度灌溉的情况下，特别是在葡萄园清耕的条件下，随水排出的NO_3^-淋溶损失可能是氮损失的重要途径。

3）反硝化作用

反硝化作用描述了NO_3^-在厌氧条件下被还原为一氧化二氮（N_2O）或N_2的过程。这一过程由利用碳化合物作为能源的异养微生物介导。如果碳的供应量相对于NO_3^-较大，则发生还原反应并产生NH_4^+，在这种情况下氮被保存下来。当还原条件强烈时，如在水分饱和土壤中，N_2O倾向于迅速被还原为N_2。因此，土壤中N_2O的含量变化很大，尤其当O_2浓度较低时，硝化反应的副产物N_2O产生量增加较快。N_2O是一种强效的温室气体，所以减少N_2O向大气中的排放非常重要。

3.3.5　磷和硫的转化

（1）磷

虽然大多数土壤中磷的主要存储形态是Ca、Al、Fe等不溶性化合物和强吸附的磷阴离子，但在富含有机质的土壤中，有机磷的储量也相当丰富。有机磷可以作为微生物的分解底物。与有机氮的转化类似，决定磷矿化与固定之间平衡的因素是有机底物的碳磷比以及参与分解的微生物群落。细菌磷净矿化的碳磷比临界值约为150，而真菌介导的磷净矿化碳磷比临界值约为230。这一差异意味着，即使在土壤中添加足够磷含量的植物材料（例如，45%的碳和0.25%的磷，碳磷比为180），只有真菌才能将有机磷矿化。细菌和真菌之间的这一差异，可能给有机栽培系统带来优势，因为有机栽培系统中真菌与细菌的比例高于以矿物肥料为基础的传统栽培系统。这方面的比较将在第五章"5.3.2有机栽培模式"中进一步讨论。

（2）硫

有机质是土壤中硫的主要储存库。相对于氮和磷而言，有机硫向植物有效形态SO_4^-的转化，取决于异养微生物的矿化与固定之间的平衡。植物中的硫浓度与磷浓度相似，因此碳硫比与碳磷比相当，所以除非植物的硫含量很高（如芸薹属植物），否则不会发生有机硫的矿化。

然而，葡萄园中很少发生缺硫症，因为控制真菌病原体要使用含有硫的农用化学品（如可湿性硫粉）。进入土壤的细颗粒硫能被硫杆菌氧化成SO_4^{2-}。与磷阴离子强吸附不容易被淋失不同，SO_4^{2-}容易被淋失，但不像NO_3^-那么容易。在酸性土壤中，特别是在三倍半氧化物含量（sesquioxide）较高的土壤中，淋溶的SO_4^{2-}可能会积累在底土中，成为深根系藤本植物葡萄硫的储备。使用石膏来解决土壤盐碱化问题也会增加土壤中SO_4^{2-}。

3.3.6 土壤——一个综合的微生态系统

在本章开始，我们强调，虽然微生物动态因子可以作为单独的类别进行讨论，但必须记住，在正常功能的土壤中，它们通过了无数过程的相互作用。在第二章中，我们讨论了土壤内在因子如何为这种相互作用提供微生境。由于这种相互作用非常复杂，健康的土壤对外界干扰具有惊人的适应能力，并且在良好的管理条件下，能够保证植物的健康生长。另外，如果土壤因管理不善而退化，除了施用可溶性高浓度肥料的"快速修复"外，土壤对其他补救措施的反应可能很慢。第四章将讨论评估土壤健康的方法，第五章将讨论维持和改善土壤健康可用的管理方式。

3.4 总结

土壤的动态因子包括可以通过管理干预加以改变的土壤属性：它们分为物理属性、化学属性和生物属性。土壤对植物生长的作用依赖于这3类属性之间复杂的相互作用。有效土壤深度、土壤结构和根系穿透能力、压实层的存在、排水和通气的容易程度等重要物理属性，最好在土壤剖面中进行观察。保持在田间持水量和永久凋萎点之间的有效水分取决于土壤的结构和质地。

有机质被认为既具有化学属性也具有生物属性：化学属性表现为它与交换性阳离子（Ca^{2+}、K^+、Na^+和NH_4^+）间的相互作用，并且具有螯合微量元素阳离子的能力；生物属性是指它可为各种异养生物提供食物。黏土矿物与有机质一起保持交换性阳离子，并决定着土壤的阳离子交换量（CEC）。这些矿物质是土壤团聚体的基本组成部分，其稳定性取决于Ca^{2+}、Mg^{2+}、K^+与Na^+的相对比例。

健康土壤功能发挥的关键是有机质中碳通过土壤食物网循环，土壤食物网由最小的细菌和古细菌到最大的蚯蚓和甲虫相互依赖的不同层次的生物体构成。有机质的分解不仅为生物体的生长提供能量，而且对氮、磷、硫等重要营养元素的矿化也有重要作用。

参考文献

ALBRECHT W A，1975. *The Albrecht Papers. Volume 1：Foundation Concepts.* Acres USA，Kansas City KS，USA.

DANE J H，TOPP G C（Eds），2002. *Methods of Soil Analysis. Part 4，Physical Methods.* Soil Science Society of America Book Series no. 5. Soil Science Society of America，Madison WI，USA.

ISBELL R F，2002. *The Australian Soil Classification.* Revised edn. CSIRO Publishing，Melbourne.

MCLAREN VALE，2018. McLaren Vale website，<www. mclarenvale. info/wine>.

OSTER J D，SPOSITO G，SMITH C J，2016. Accounting for potassium and magnesium in irrigation water quality assessment. *California Agriculture* 70（2），71-76. doi：10. 3733/ ca. v070n02p7l

RAYMENT G E，LYONS D J，2011. *Soil Chemical Methods-Australasia.* CSIRO Publishing，Melbourne.

RENGASAMY P，MARCHUK A，2011. Cation ratio of soil structural stability（CROSS）. *Soil Research* 49，280-285. doi：10. 1071/SR10105

SOIL SURVEY STAFF，1999. *Soil Taxonomy.* 2nd edn. United States Department of Agriculture，Washington DC，USA.

SPOSITO G，2016. *The Chemistry of Soils.* 3rd edn. Oxford University Press，New York，USA.

SWINCHATT J，HOWELL D G，2004. *The Winemaker's Dance：Exploring Terroir in the Napa Valley.* University of California Press，Oakland CA，USA.

US SALINITY LABORATORY，1954. *Diagnosis and Improvement of Saline and Alkali Soils.* Handbook No. 60，United States Department of Agriculture，Washington DC，USA.

WHITE R E，1997. *Principles and Practice of Soil Science.* 3rd edn. Blackwell Science Ltd，Oxford，UK.

WHITE R E，2003. *Soils for Fine Wines.* Oxford University Press，New York，USA.

WHITE R E，2006. *Principles and Practice of Soil Science.* 4th edn. Blackwell Publishing，Oxford，UK.

WHITE R E，2015. *Understanding Vineyard Soils.* 2nd edn. Oxford University Press，New York，USA.

WILSON J E，1998. *Terroir：The Role of Geology，Climate and Culture in the*

Making of French Wines. Mitchell Beazley, London, UK.

扩展阅读

BARDGETT R D, WARDLE D A, 2012. *Aboveground-belowground Linkages: Biotic Interactions, Ecosystem Processes and Global Change.* Oxford University Press, Oxford, UK.

KIRCHMAN D L, 2012. *Processes in Microbial Ecology.* Oxford University Press, NewYork, USA.

LEHMANN J, KLEBER M, 2015. The contentious nature of soil organic matter. *Nature* 528, 60-68. doi: 10. 1038/nature16069

NANNIPIERI P, ASCHER M T, CECCHERINI L, *et al.*, 2003. Microbial diversity and soil functions. *European Journal of Soil Science* 54, 655-670. doi: 10. 1046/j. 1351-0754. 2003. 0556. x

RITZ K, 2014. Life in Earth. A truly epic production. In *The Soil Underfoot. Infinite Possibilities for a Finite Resource.* (Eds GJ Churchman and ER Landa) pp. 379-394. CRC Press, Boca Raton FL, USA.

第四章
土壤健康评价

4.1　土壤健康评价简介

　　本章将介绍利用物理、化学和生物属性对葡萄园土壤进行定性或定量评估的基本原理和方法。土壤健康评价时有许多属性可以选择，而选择哪些属性取决于酿酒师的目标，该目标受酿酒师个人意愿、生活方式、气候条件、葡萄品种、葡萄酒风格偏好，以及最终全球葡萄酒市场的经济状况影响。由于在葡萄产量和葡萄酒质量之间的联系存在争议（Matthews，2016），因此在本次讨论中，我们同意这样的观点，即大多数葡萄种植者都会以优质果实为目标并尽可能获得高产。本章中，我们将主要讨论土壤健康评估因子的选择和测定，包括土壤变异性识别、土壤取样和分析方法以及管理措施干预土壤后结果的评估。我们也讨论了一种替代土壤测试、评估葡萄营养状况的方法——植物分析，因为葡萄树体的营养状况可以间接地反映土壤健康状况。

4.2　土壤健康评价方法

　　种植者在评估土壤健康时可以采用两种主要方法。

　　间接方法：这一方法结合了酿酒葡萄可持续种植的实践，该实践要求"经济上可行，社会负责任和环境友好"（Smart，2010）。主要关注葡萄园的管理，如使用覆盖作物及其品种组成、耕作频率、使用堆肥和粪肥以及杀虫剂的类型和频率。总体假设是，如果采用已知有利于土壤健康的做法，土壤将做出相应的反应。

直接方法：这一方法重点关注土壤或葡萄树的关键指标特性，将其值与基准值和最佳范围进行比较，并监测其随时间的变化趋势。

4.2.1　土壤健康的间接评价

酿酒葡萄可持续种植规程

许多葡萄酒生产国都制定了酿酒葡萄可持续种植规程，种植者可以个人或会员身份订阅。其中一些规程非常全面，涵盖了许多方面，如生物多样性、葡萄园设计、修剪、灌溉和施肥实践、砧木、空气质量、能源利用、病虫害和废弃物管理、商业模式以及与人的互动。进一步而言，大多数种植规程（但不是全部）都包括了土壤部分的内容，有的规程涉及土壤与水、空气的联系，如《新西兰葡萄可持续种植》（*New Zealand Winegrowers*，2018），有的规程涉及土壤与植物营养的联系，如《加州酿酒葡萄可持续种植代码手册》（*California Sustainable Winegrowing Alliance*，2012）。在这两个规程中，新西兰的种植规程不仅对土壤管理的最佳做法提出建议，而且还要求种植者每3年检测1次土壤。在美国加州种植规程中，根据葡萄园管理实践，评估可持续性生产的每个子标准又分为4个类别。表4.1说明了工作手册中"土壤管理"标准条目下所含子标准"保存或增加有机质"的方法。类别1中包括的操作措施，可以满足现有的认证条例，但这只是相对的满足，如果要求葡萄生产的可持续性更高，则葡萄种植者需要完成更高类别要求的操作，例如，虽然类别1和类别2的管理投入水平最低，不需要分析土壤中的有机质，但类别3和类别4需要对土壤有机质（SOM）进行分析。加州的种植规程，就像许多可持续发展种植规程一样，仍在进行不断完善，随着土壤健康指标的细化，可能会包含更多数据。

表4.1　用于"保存或增加有机质"以提高可持续性的4种措施类别

类别1	类别2	类别3	类别4
没有对土壤有机质进行分析；在制定养分预算时，没有对养分的投入和产出进行监测	没有做土壤有机质分析，但有输入和输出的意愿，并且在冬天葡萄园里允许常住植被生长	土壤有机质分析；投入和产出监测，以及为增加养分循环而实施的措施，如堆肥、覆盖作物种植、少耕或免耕	近3年土壤有机质分析；记录了输入和输出，并实施了增加养分循环的做法；道路和沟渠沿线采用缓冲带和植被，用于防止养分流失；采用免耕法

资料来源：引自《加州酿酒葡萄可持续种植代码手册》（*California Sustainable Winegrowing Alliance*，2012）。

4.2.2　土壤健康的直接评价

（1）准备工作

种植者在考虑评估土壤健康的备选方案时可能面临3种不同的情景。

● 另一土地用途下的新场地，将在其上建立葡萄园（即"绿地"场地）。

● 已建成葡萄园，葡萄藤和棚架都已就位。

● 现有葡萄园，种植者正在寻求重新开发或重新种植，以改变品种，改变葡萄园设计，或提高生产力和盈利能力。

土壤测量可以在田间和实验室进行，它们的作用是互补的。即使是在同一个地块，也不可能分析所有葡萄园的土壤，所以，评估必须是基于具有整体代表性的样本。对于剖面观测和土壤取样，如果已知土壤变异情况，测量的代表性将会大大增强。精准葡萄栽培技术可以提供一个葡萄园土壤的空间变异定量信息（Proffitt *et al*.，2006）。对于一个新地点，以GPS定位为参考的电磁测量（EM38）将提供一个高分辨率的土壤变异空间分布（类似于一个现有的葡萄园，假定可能会干扰信号的不锈钢立柱间距为2.5 m）。根据地理参照数据，可以选择土壤取样和剖面坑挖掘的最佳位置，以覆盖整个葡萄园的土壤空间变异范围。图4.1是EM38调查图的一个例子，显示了葡萄园土壤空间变异的情况。

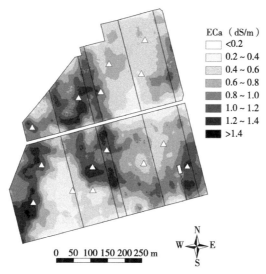

图4.1　南澳大利亚克莱尔河谷的一个24 hm²葡萄园中，使用水平电偶源的EM38传感器测量的土壤表观电导率（ECa）的变化（三角形表示用于地面探测电磁信号的土壤采样点的位置）

（资料来源：照片由澳大利亚阿德莱德CSIRO、Rob Bramley博士提供）

另外，在葡萄园中，由于柱子和铁丝可能妨碍有效的电磁测量，可以从地形（隆起、凹陷和斜坡）和当地地质知识推断可能的土壤空间变异。此外，如果有几年的葡萄园产量图（以消除季节间的气候影响），或者有树冠和植被冠层的遥感影像图，也可以推断出土壤的空间变异情况。通过捕获关键植被的光谱指数的卫星或航空影像可以生成标准化的植被差异指数或植物密度的地图，并可作为地理信息系统中土壤空间变异的参考。通过绘制本地或卫星遥感数据图，葡萄种植者可以对在何处采集具有代表性的土壤样本做出明智的决定。

（2）田间观察和土壤取样

第一章介绍了土壤发生层剖面的概念（图1.1）。适当设置的剖面观察坑是葡萄园土壤观测的最佳方法。澳大利亚的标准做法是按照75 m×75 m的网格设置剖面坑。然而，如前所述，如果根据土壤空间变异的已有信息来选择剖面位置将会更有效。理论上剖面坑应该挖到下面的母质或葡萄根系可能的伸长深度［通常是1.5～2 m（6～8 ft）深］，剖面坑宽度应足以让观察者检查所有暴露面的土壤。在已建成葡萄园里，最好在葡萄藤附近使用挖掘机或挖土机，这样可以观察到葡萄藤的根系生长情况。

坑形土壤剖面揭示了天然土壤的构造、团聚体的稳定性、压实层的存在情况、排水和根系生长情况（见第三章"土壤结构"）。此外，剖面坑可以从不同的深度采集土壤样品，这一点很重要，因为葡萄是深根作物。随机样品采集时，在剖面内按照深度10 cm（4 in.）间隔进行样品采集，每层采集0.5～1 kg的混合样品。在"复合土"的剖面中，可以从表土层（A层）和亚土层（B层）的上部取样。在递变剖面中，推荐采集1个表土层土样和1个剖面底部的土样。而在均一剖面中，采集1个混合表土层土样就足够了。图4.2提供了根据质地变化来区分的常见剖面形式（均一剖面、递变剖面和复合剖面）。

如果没有挖剖面坑，可以用手动或机械螺旋式取土钻或柱状取土器采集样品。为了涵盖变异的全部范围，应该按照每公顷10～15个样本为标准采集一些表土样本［0～15 cm（6 in.）］。葡萄藤下和中间行样品应保持分开并分别处理。但是，螺旋式取土钻和柱状取土器不太适合采集底土样品，首先是因为螺旋式取土钻会破坏土壤结构，其次是因为采集底土时会造成土壤压实。此外，如果没有精密的设备，底土样本的采集深度可能会受到限制。混合样品可以放在结实的纸或聚乙烯袋内，并贴上标签；如果要进行生物学指标测定，样本应该在潮湿的环境

图4.2　（a）新西兰吉布利特的均匀砾石土壤剖面（图片由新西兰霍克湾吉布利特砾石区
　　的玛利亚葡萄酒庄园提供）；（b）澳大利亚维多利亚州国王河谷产区的递变红壤土
　（富铁土）剖面；（c）澳大利亚维多利亚州雅拉谷产区黑土（砂壤土表土和黏土底土）的
　　　　　　复合土剖面［以10 cm（4 in.）为单位标出］

下用塑料袋冷藏。

剖面坑和土壤采样是新建葡萄园土壤健康评价的关键。这种方法对于长期停产后需要重新生产或修复的现有葡萄园也很有用。对于已建成葡萄园，建议结合土壤采样和植物采样进行叶片或叶柄分析，这将在本章后面的"已建成葡萄园土壤的监测"中讨论。

（3）随时间的变化

对土壤健康的直接评估应基于3类基本因子（土壤物理、化学和生物学因子）及其潜在的相互作用。当然，有些因子是内在的（见第二章），在葡萄园的商业种植期间不会变化，或者变化很小。然而，任何土壤健康评估的实质是监测能够响应葡萄园管理和环境的动态因子随时间的变化情况。

4.2.3 土壤健康评价变量的选择

适宜的土壤健康评价指标的属性包括：

● 对管理和/或环境条件的变化敏感性。
● 易于测量和解释。
● 方法的可重复性。
● 可逆的，可用于监测随时间推移土壤改善或退化的情况。

根据操作员的经验和作为指标的大量数据库，可以确定单个产区和每个葡萄种植户具体目标的因子变量范围及阈值。但有时，由于专业人士对合适指标的看法不同，这种变量范围和阈值就无法建立。此外，可能还不清楚土壤性质与葡萄特性、葡萄果实和葡萄酒品质之间的关系。虽然土壤pH值、盐度和金属毒性等特性的最佳范围和阈值已明确界定，但对于其他指标，要么可能不为人所知，要么不容易被量化，因此其最佳范围和阈值尚未被明确界定，如生物学指标（如蚯蚓和线虫的数量）（见本章后面的"最佳范围和阈值"）。

基于这些标准，以下章节将讨论可用于监测葡萄园土壤健康的土壤指标。

（1）土壤物理指标

测量土壤的物理性质可能需要专门的设备和培训，这些设备可能很昂贵，也可能不易获得。一些土壤物理性质的变化非常缓慢，因此应该对它们进行长期监测，以评估其变化。由于葡萄园之间的空间差异和随时间可能发生的变化，应该在相同的位置和相似的条件下进行重复测试，以减少测量之间的误差。表4.2总结了土壤物理指标的测定方法及优缺点。

表4.2 基于土壤健康的物理指标监测及其优缺点

土壤物理指标	优点	缺点	测量方法
土壤质地	对土壤的初始特性评估很重要；是有效水容量（AWC）的粗略指标	不需要长期监测，因为变化较慢	需要有经验的土壤检验员进行实地测试；实验室可测量砂粒、粉粒和黏粒的含量，既烦琐又昂贵
团聚体稳定性	土壤结构的指标，并反映管理的变化，如行间清耕和使用覆盖作物；改变较快	除测量限制外无其他缺点	湿筛法测量需要专门的设备；可在现场通过观察潮解（团聚体崩解）或在蒸馏水中分散来完成（图B3.4.2）
土壤强度	表明土壤在湿润时的紧实趋向程度，在干燥时不易被根系穿透的程度（见第三章"土壤容重、孔隙度和强度"）	土壤空间变异性可能是个问题	用穿透仪进行现场测量；在相同含水量下重复多次读数，以应对土壤变异性；通过足底压碎评估团聚体强度
容重（BD）	与土壤的孔隙度成反比；与给定含水量下的土壤强度直接相关（见第三章"土壤容重、孔隙度和强度"）	仅适用于表层土壤[0～15 cm（6 in.）]，利用土壤剖面坑可以进行原状底土测定	现场测量需要一个直径至少为10 cm（4 in.）的土钻，以避免板结；空间变异性是阻碍精确测量的一个问题
孔隙度和通气孔隙度	表示土壤容纳水和气体的能力；通气孔隙度表示土壤的充气性（见第三章"通气孔隙度和通气状况"）	与容重的限制相同，充气的孔隙度很难测量	由土壤容重间接得到（表3.2）；通气孔隙度的实验室测量需要专用仪器
表面板结	表示水分入渗的难易程度；与表面团聚体的水稳定性有关	主要评估土壤干燥时产生的问题；土壤湿润时可能不明显	用穿透仪定量测量（见土壤强度）；干燥时目测
入渗率	表示表层土壤结构和导水率（水渗透性）	速率取决于土壤含水量；空间变异性相当大	采用双环渗透计进行简单测量；可用圆盘渗透计进行更精确的测量
有效水容量（AWC）	单位土壤深度的水的体积，介于田间持水量和永久萎蔫点之间	随时间变化可能性小；与随土壤结构退化而下降的非限制水变化范围（NLWR）相关	实验室测量需要精密的仪器；可以根据土壤质地粗略估算（表B3.1.1）

（2）土壤化学指标

商业实验室提供一系列土壤化学性质的常规分析。这些数据的优点在于：

一是它们提供了关于葡萄藤营养的信息；二是可以了解随时间或管理措施干预的化学指标的变化情况（表4.3）。化学指标分析类似于土壤物理指标分析，要求在相同的采样点取样，以减少土壤空间变异带来的不确定性。

表4.3　基于土壤健康的化学指标监测方法及其优缺点

土壤化学指标	优点	缺点	测量方法
土壤pH值和缓冲能力	pH值影响土壤多个过程；变化快；pH缓冲能力是表示土壤抵抗pH变化能力的一个指标	除测量限定性条件外无其他要求；最好在整个土壤剖面上进行测量	pH值在土液比1∶5的0.01 mol/L氯化钙（pH_{Ca}）或水（pH_{water}）中测量；pH缓冲能力不是常规测量指标，但可以根据土壤的黏粒和有机质含量定性估计
土壤有机质（SOM）	土壤有机质支持异养微生物生长，对养分循环和土壤结构至关重要	除测量限定性条件外无其他要求；对表层土壤[0～15 cm（6 in.）]最有意义；变化缓慢	采用干燃烧法测定土壤总有机碳（SOC），Walkley-Black湿消化法测定的土壤有机碳低估20%～25%；计算SOM为SOC×1.72
土壤全氮（N）	土壤中大部分氮以有机形态存在；C/N比表明氮矿化的可能性	与矿物氮没有直接关系，但可以作为潜在可矿化氮的替代指标（表4.4）；变化慢	使用凯氏定氮法测定，但对于高硝态氮含量的土壤需要校正（Rayment和Lyons，2011）
有效磷（P）	植物有效磷指标；变化快；和土壤全磷相比，植物有效性更高	数值大小依赖于测量方法	由于有许多不同的测定方法，必须根据测定方法来解释结果
阳离子交换量（CEC）	影响阳离子保持和土壤结构形成；随SOM的变化而变化	除测量限定性条件外无其他要求	CEC值与测量时的pH值有关，最好在pH值=7的NH_4Cl或NH_4OAc溶液中测定；pH值=8.2时会使CEC测定值偏高，尤其是酸性土壤的CEC测定
交换性阳离子	阳离子总和（包括Ca、Mg、K、Na离子）表征盐基阳离子的存储量；（Ca、Mg、K、Na）/CEC表征盐基饱和度；变化快	除测量限定性条件外无其他要求；特别是与底土相关（见第三章"交换性阳离子与团聚体稳定性"）	对于非盐碱和非石灰性土壤用NH_4^+离子替代法测定（Rayment和Lyons，2011）；盐基饱和度与交换性铝呈负相关
电导率（EC）	可作为可溶性全盐（TSS）的替代参数；会因灌溉用水、降雨和淋滤而迅速改变	测量对温度敏感	用便携式EC仪在1∶5的土壤-水悬浮液中现场测量（$EC_{1:5}$）；实验室测量$EC_{1:5}$或EC_e时，在0.01 mol/L氯化钙溶液中测定（表3.8）
钠碱化度（ESP）	由交换阳离子测定；是土壤盐碱度指标（见小贴士3.4）；变化快	对于用EC>0.8 dS/m（>500 mg/L）水灌溉的葡萄园，SAR是指示含盐量的首选指标（见第三章）	根据交换性阳离子方法测定；按（交换性钠）/CEC×100计算；可根据土壤溶液的钠吸附比（SAR）进行预测

（3）土壤生物学指标

一般来说，测量的土壤生物学指标包括两大类。

① 土壤生物数量、活性和多样性及其相关生物化学过程的测定。这些测试主要集中在评估土壤作为自然生态系统的功能和对葡萄健康生长的支持程度。一个隐含的假设是，健康的土壤生物活性也能提高葡萄对病虫害的抵抗力。表4.4概述了检测这类生物学指标及其检测方法。

表4.4 基于土壤健康的生物学指标监测方法及其优缺点

土壤生物学指标	优点	缺点	测量方法
土壤有机碳和易分解碳	参见表4.3中的SOM；易分解碳能够快速响应管理措施的影响	根据土壤类型的不同，未知的总有机碳含量可能是难分解的，所以易分解碳可能是较敏感指标	见表4.3中的SOC（和下面的PMN）；易分解碳是通过在稀高锰酸钾中提取或在热水（80℃）中测量
微生物生物量碳（MBC）	与土壤微生物活性有关；对管理措施的响应比SOC更快	除测量限定性条件外无其他要求；最适合于表土	采用氯仿熏蒸法（CFE）测定，既烦琐又昂贵，没有商业实验室提供服务（见SIR）
土壤呼吸速率	测量CO_2释放量，表征生物学活性；底物诱导呼吸实验（SIR）是MBC的替代实验	土壤呼吸速率随基质类型、湿度和温度的变化而变化，因此必须在标准条件下进行测定	SIR采用Anderson和Domsch（1978）的方法进行测量；SIR数值乘以30后相当于采用CFE试验测得的MBC值（Anderson和Joergensen，1997）；Solvita[a]测试是在田间或者实验室测量24 h CO_2释放量
真菌/细菌比	表明生长较慢的真菌和生长较快的细菌之间的平衡；受有机残留物类型的影响	随时间和环境条件变化较大；与影响葡萄生长的土壤功能无特定相关性	通过使用特定抑制剂进行SIR测量；也可用磷脂脂肪酸分析（PLFA）测定（见下文），其他声称可以测定细菌、真菌和厌氧菌总数的测定方法不可靠
潜在可矿化氮（PMN）	表征土壤随时间推移提供矿化氮的能力；与土壤C/N比有关	测量有局限	土壤需要进行长时间厌氧培养；商业实验室无法提供；美国采用Solvita"CO_2爆发"试验进行PMN的定量测定
酶活性（如脱氢酶、过氧化氢酶、葡萄糖苷酶）	与土壤微生物活性有关；易测定；对管理措施响应快	表征土壤中潜在酶活性而不是实际的酶活性；是总酶活性而不是特定土壤功能酶活性	有许多通用的测量方法；有些方法是针对特定土壤过程的测试，如反硝化过程（脱氮酶活性）（Nannipieri et al.，2012）
其他生化和分子测试，如PLFA和DNA/RNA特征分析	具有成本低、速度快和灵敏度高优势；DNA/RNA测试提供系统发育分辨率和微生物群落组成的信息	提供服务的商业实验室较少；其分析结果对土壤功能的解释不确切；主要用作研究的工具	各种测量方法（Riches et al.，2013）
土壤动物（蚯蚓、线虫、原生动物）	表征土壤食物网中碳循环和养分周转	时间和空间上可变；线虫需要种类鉴定；与特定的土壤功能无关；耗时	需要土壤分离和人工计数；与土壤生物学活性相关

注：a. Solvita测试测量现场新鲜土壤样品释放的CO_2；或Solvita"CO_2爆发"试验测量实验室风干和复湿土壤释放的CO_2<www.Solvita.com>。

②作为第一类指标的补充，是对葡萄生长产生不利影响甚至可能导致葡萄死亡的病虫害等指标的测量。

关于类别2生物学指标测定，在表4.5中，我们将注意力聚焦于与土传病虫害明确相关的一些生物指标的测试。与物理和化学指标测定一样，为了进行长期的监测，最重要的是要保证葡萄园的采样地点一致。一些实验室提供基于DNA的土壤测试，以识别可能对新建葡萄园构成重大风险的真菌病原体，例如，网址<www.pir.sa.gov.an/research/services/molecular_diagnostics/predicta_b>。

表4.5 影响葡萄的常见土传病虫害

	生物	主要病菌种类	注解
病原菌	蜜环菌根腐病	蜜环菌属	侵染范围广，包括果树、坚果、森林树木和观赏植物；发展成一种带有独特蘑菇气味的白色真菌垫；长存于土壤中
	疫霉和腐霉根腐烂病	樟疫霉菌；柑橘疫霉；终极腐霉菌	"水生真菌类"易受潮湿土壤诱发；易侵染幼树；易受线虫损害诱发
	黑足病	指形丛赤壳菌属（*Dactylonectria*）；弯果菌属；柱孢霉菌；小帚梗柱孢菌属；土赤壳菌属；新丛赤壳菌属	葡萄树干疾病，常见于苗圃和幼树葡萄园；引起根部坏死、木材坏死并逐渐衰退而死亡
	黄萎病	大丽轮枝菌	前茬为番茄、马铃薯、瓜和其他易感作物的葡萄园内容易发生
	佩特里病	背芽突霉属（黄橄榄色拟迷孔菌）；暗色枝顶孢菌；暗色单梗孢菌；厚垣孢菌	主要影响葡萄幼树；典型症状是黑木纹，切开侵染树干，能明显看到木质部导管中存在黑色的焦油"黏稠物"
有害生物	根瘤蚜（一种土生蚜虫）	葡萄根瘤蚜（有许多不同毒力的地方性种类）	受感染的地点可由遥感确定；引起葡萄藤生长缓慢，叶片早黄；蚜虫以根为食，引起虫瘿；通过羽化期捕捉器捕捉；基于DNA的快速测试正在开发中（McLoughlin *et al.*，2017）
	寄生线虫，俗称根结线虫、匕首线虫、根线虫和柑橘线虫	根结线虫属；剑线虫属；短体线虫属；垫刃线虫属	除了葡萄外还可以侵染其他许多寄主；鉴定需要专业知识；砂土破坏更为严重；可利用DNA进行检测，但存在局限性（Peham *et al.*，2017）

4.2.4 土壤健康指标的推荐数据库

（1）什么是最小数据集？

尽管科学家们可以建议最小的监测因子集合，即最小数据集（MDS），但每个种植者都应该根据其管理目标来选择自己的最小数据集。

（2）了解测量单位

因为商业实验室用不同的测量单位报告分析值，所以了解每个被评估的土壤性质的单位含义是很重要的。理论上，测量单位应该是国际单位制（SI，源于法语Système International d'unités），这是公制的一种国际形式。在比较任何土壤因子的值时，确保这些值使用相同的测量单位是至关重要的。

（3）最佳范围和阈值

葡萄生长受到许多土壤性质的影响，因此营养生长和果实产量的反应是复杂的。图4.3所示为土壤氮供应量逐渐增加到阈值时，葡萄生长对其的响应。当土壤氮供应量增加到超过阈值下限后，葡萄生长对其响应较小；但当土壤氮供应量达到阈值上限后，由于氮供应量过多导致冠层过度生长及互相遮阴，葡萄产量反而开始下降。土壤pH值也有类似的趋势，pH$_{Ca}$值<5.5的土壤，由于酸度过高，生长受到抑制。在pH$_{Ca}$值>7.5时，由于缺乏铁、锰或锌，生长可能再次受到抑制。某一性质的最佳范围介于上限值和下限值之间，许多土壤性质都表现出这种关系。同样的原理也适用于葡萄营养指标，阈值下限称为临界值，如植物组织氮浓度临界值（White，2015）。

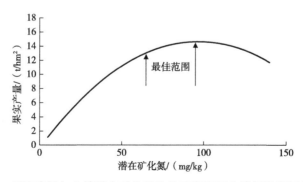

图4.3 果实产量与土壤潜在矿化氮的关系表明了土壤氮素的适宜范围

有些土壤因子只有一个阈值上限。如影响自根型欧洲葡萄生长的土壤盐度（以EC_e表示）（见第三章"土壤pH值、电导率和全可溶性盐类"）。显示了葡萄果实产量如何在超过2.0 dS/m这一平均根区盐度（EC_e测量）时下降的情况。

（4）基准值

基准值是某个土壤属性的标准值或参考值，主要用于土壤属性在不同土壤类型之间或在同一产区内的比较。基准值也可用于评估管理措施变化对改善土壤健康的影响。如小贴士4.1中所述的南澳大利亚州麦克拉伦河谷产区的研究案例。

小贴士4.1　南澳大利亚州麦克拉伦河谷产区土壤健康属性基准值研究

为了确定某一产区内土壤因子的基准值，需要从不同葡萄园中采集土壤样本并进行分析，这些样本应该包含该因子的全部变化范围。不同样本的测量值呈一定的分布，包括一个中心位置（以平均值或中位数表示）和最小值、最大值。如果分析的样本足够多（如土壤pH值），测量值分布将接近正态分布（钟形曲线）。根据分布曲线，可以计算出平均值及测量标准差。此外，土壤pH值（平均值+标准偏差）的最佳范围也可以确定。然后，种植者可以用自己葡萄园的pH值与最佳范围进行比较，确定其土壤pH值是否超出了最佳范围。当多个关键土壤因子进行基准值确定和比较后，获得的信息可以指导葡萄种植者做出是否改变管理措施以减轻某一特定土壤因子的限制。

这种基准值确定方法是第一章中介绍的《康奈尔土壤健康评价培训手册》的基本内容（Gugino *et al.*，2009）。澳大利亚联邦科学与工业研究组织（CSIRO），维多利亚州环境与第一产业部和南澳大利亚研究与发展研究所研究小组采用这一方法，制定了澳大利亚酿酒葡萄栽培的土壤健康管理基准值数据集。研究小组选择雅拉谷、巴罗萨谷、麦克拉伦河谷和墨累达令河谷4个澳大利亚葡萄酒产区，这些产区涵盖了从凉爽到炎热内陆的气候范围。我们以南澳大利亚州的麦克拉伦河谷为例进一步说明这一方法。2013年和2014年葡萄果实收获后的4周内，在50个葡萄园对葡萄行内、行间和生土的表层土[0~10 cm（4 in.）]及底层土[35~45 cm（14~18 in.）]进行了样品采集。

如图B4.1.1所示，表层土土壤平均pH_{water}值为7.3，表明土壤pH_{water}值正常。

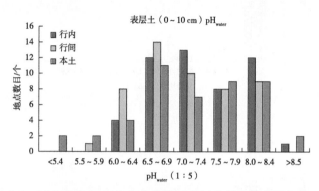

图B4.1.1 **2013年和2014年麦克拉伦河谷50个地点的葡萄行内、行间和生土表层土pH_{water}值分布**

（资料来源：Edwards，2014）

但是土壤pH_{water}值从<6.0到>8.5变动时，大部分土壤pH_{water}值在6.5~8.4，表明在较高pH_{water}值的葡萄园中，可能存在铁、锰、锌有效性缺乏问题。在这些葡萄园，种植者可以考虑通过土壤管理措施，如使用螯合形式的微量元素或进行微量元素的叶面喷施。

麦克拉伦河谷葡萄园底土层土壤中交换性钠的分布表明了基准值制定的另一个方面（图B4.1.2a）。显然，大多数土壤的值都<1 $cmol_c/kg$（<1 meq/100 g），这一数值是理想的，因此，目前交换性钠对土壤结构破坏效应不是问题。然而，由于超过40%的麦克拉伦河谷葡萄园使用回收水进行灌溉，所以应对ESP进行监测。同样的条件也适用于底土层土壤的$EC_{1:5}$（图B4.1.2b），有一些葡萄园土壤样本，特别是葡萄行内的样本，其$EC_{1:5}$>0.4 dS/m（相当于EC_e为2~5 dS/m，取决于土壤质地；见表3.8）。当土壤EC_e>2 dS/m时，葡萄果实产量下降。

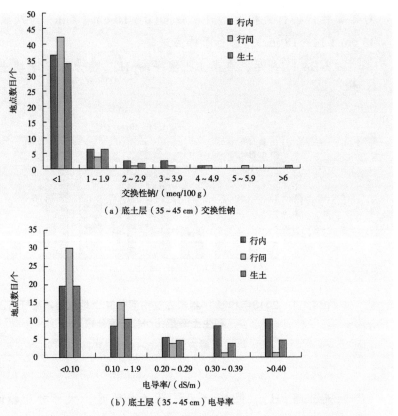

图B4.1.2 （a）2013年和2014年，麦克拉伦河谷葡萄行内、行间和生土底土层之间交换性钠的分布；（b）2013年和2014年，麦克拉伦河谷50个取样点葡萄行内、行间和生土底土层EC$_{1:5}$分布

（资料来源：Edwards，2014）

（5）准确度和精确度

尽管"准确度"和"精确度"经常互换使用，但在科学意义上它们有不同的含义。准确度反映了测量值与已知或可接受值（真实值）的接近程度，而精确度反映了测量的可重复性，即使它们可能与可接受值不同。如图4.4所示，高重现性意味着在测量的平均值中不确定度最小，但这个平均值可能并不是有关土壤因子的准确测量值。理想情况下，实验室测量应该既精确又准确。在现实中，因为一个土壤样本只是葡萄园土壤的代表，测量值总是一定程度上存在不确定性。因此，将分析值表示为超过两位以上的有效数字是不必要的。

为了检测实验室的精确度或可重现性，可以对相同土壤样品进行重复两次或三次分析。当比较同一时间不同地点的结果或同一地点不同时间的结果时，了解变异是来自田间土壤空间变化还是来自分析误差是很重要的。

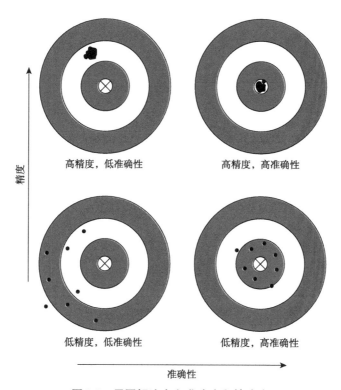

图4.4 用图解法定义准确度和精确度

（资料来源：<www.edvotek.com> © 2018 Edvotek inc.保留所有权）

（6）检测限

分析物（如硼等微量元素）的检测限是指能够可靠地通过分析检测到的最低数量或浓度。商业实验室应向客户提供这些信息，如果测定值与其本底值没有明显差异，通常报告为未测出（n.d.）或"痕量"。

（7）由科学家和种植者协商建立的最小数据集（MDS）

纳入MDS的指标选择可能受到专家观点和现有数据集统计分析结果的影响。测试方法的商业可用性和测试成本也是影响因素之一。在澳大利亚，通过一系列的研讨会，研究人员和种植者（Oliver *et al.*，2013；Riches *et al.*，2013）商定了可用于监测土壤健康的若干关键土壤因子（表4.6）。值得注意的是，可能需要根据特定葡萄品种和土壤类型，甚至根据其环境条件，为特定产区确定某一土壤因子参数的最佳范围、阈值和基准值。

表4.6　用于评估葡萄园土壤健康的推荐数据集（最小数据集）

土壤健康指标	最佳范围或阈值	对功能和方法的注释
生物学性质		
微生物生物量碳（MNC）	>300 mg/kg	氯仿熏蒸与提取法（CFE法）可以评价土壤生物活性；MBC的数值也可以用底物诱导呼吸测试值（SIR）乘以30表示（表4.4）
潜在可矿化N	每周6~11 mg/kg土	矿化N供应能力（见Solvita检验，表4.4）
易分解碳	>500 mg/kg	易分解的有机物；微生物的食物
物理性质		
团聚体稳定性或分散测试	优良，值<6（范围0~16）	通气排水，抗板结和侵蚀；ASWAT测试（Field *et al.*，1997）
土壤结持度	优良，值≤3（范围0~7）（McDonald and Isbell，2009）；值≤2（范围0~5）（美国农业部土壤调查委员会，1951）	表征土壤抗破裂或抗变形能力；测定直径20 mm的团聚体；必须记录水分含量；与土壤强度有关
化学性质		
pH值	6.0~8.0（1:5 pH$_{Water}$）；5.5~7.5（pH$_{Ca}$）	养分有效性与植物生长；低pH下可能出现铝离子毒性；在实验室测量或者在田间用pH试纸测定
电导率	EC$_e$≤2.0 dS/m；EC$_{1:5水}$≤0.3 dS/m	盐度指数；EC$_{1:5}$的阈值随着黏粒含量的降低而降低（表3.8）
交换性阳离子比例（Ca、Mg、K、Na）的总量=有效阳离子交换量（eCEC）	Ca：60%~80%；Mg：10%~20%；K：1%~10%；Na：<6%	大量营养元素库，pH缓冲能力
钠碱化度（ESP）	Na<6%（澳大利亚）；<15%（美国）	表征碱度，与黏土分散和土壤结构破碎相关（见CROSS，小贴士3.4）。
土壤有机碳（SOC，用于间接表示土壤有机质）	砂土>1%；壤土>1.6%；黏土>2%	提高土壤CEC；pH缓冲能力；微生物的食物来源；改善土壤结构
Cl	<175 mg/kg	盐度指数和氯的潜在毒性（叶片焦枯）

资料来源：Oliver 等（2013）；Riches 等（2013）；Edwards（2014）。

（8）实践中会发生什么？

虽然表4.6中确定的土壤因子代表理想的、形成共识的土壤健康评价所包括的最小土壤因子集，但很少有商业实验室提供所有这些因子的分析。因此，土壤因子的选择将取决于环境，如是新建葡萄园还是已建成葡萄园或重建更新葡萄园，以及酿酒师的酿酒目标。不管选择哪些土壤因子，葡萄种植者都应该选择国家认可的实验室，并始终使用相同的实验室进行检测。通过这种方法，土壤和植物特性的变化趋势才可以得到合理判断，因为这些因子是用同样的分析方法和同样的设备测定的。小贴士4.2提供了研究案例，以说明重复土壤样本在不同实验室测量结果上的差异。

小贴士4.2　土壤重复样本在不同实验室测定结果研究案例

第一个例子中（表B4.2.1），土壤样品[0～10 cm（4 in.）]是同一天在葡萄行内和邻近的行间采集的。将样品处理和混合，并将每个采样点的重复样品分别送到实验室A和B进行测定。注意以下4点。

①基于取样方法及过程，每个测试值的差异反映了两个实验室测量方法之间的差异，而不是土壤的差异。

表B4.2.1　来自两个实验室的澳大利亚吉普斯兰产区葡萄园土壤测定结果比较

土壤测定指标	实验室A		实验室B	
	行内	行间	行内	行间
pH（CaCl$_2$）	5.8	6.0	5.8	6.0
有机碳/%	3.0	3.2	2.6	2.0
EC$_{1:5}$/（dS/m）	0.08	0.07	0.11	0.09
交换性Ca/（cmol$_c$/kg）	6.7	6.9	6.3	6.6
交换性Mg/（cmol$_c$kg）	1.3	0.88	1.25	0.91
交换性K/（cmol$_c$kg）	0.59	0.48	0.54	0.42
交换性Na/（cmol$_c$/kg）	0.09	0.07	0.33	0.30
ESP/（%）	1.0	0.84	3.2	3.1
有效P（Olsen）/（mg/kg）	n.d.	n.d.	23	14
有效P（Colwell）/（mg/kg）	27	17	n.d.	n.d.

②两个实验室测定的pH值结果一致，因为$CaCl_2$方法是稳定并可重复的。不同实验室测定的交换性阳离子差异最大的是交换态钠，因此ESP值的差异较大。

③一些指标（如有机碳、交换性镁和有效磷）的测定结果显示了葡萄藤下和行间之间的位置差异，因此藤下和行间需要单独取样。

④由于有效磷的提取方法不同，同一土壤样品的结果可能也不同。种植者解释结果时应该意识到这些差异。

生物学指标的测定结果可能比化学指标的测定结果变异更大，因为不同的实验室对微生物生物量碳（MBC）等因子测定时，使用不同的测定方法（表4.4）。例如，当Rawnsley（2010）把南澳大利亚州巴罗萨谷等4个葡萄园的土壤样品送到3个不同的实验室进行MBC测定，其结果在不同的实验室中相差高达3倍。对同一葡萄园的土壤MBC测量结果也显示，从春季、夏季到秋季，MBC增加了3倍，这说明每年同一时间取样的重要性。虽然这一要求对化学或物理指标的测定不是很关键，但建议对所有因子的测定都这样做。澳大利亚葡萄藤在冬季处于休眠状态，大部分会遭受冬季降雨，因此我们建议在深秋土壤开始变凉、变湿时采集土壤样本。

这些土壤化学指标和生物学指标测试的例子说明，选择能够对采用的测定方法得出的结果提供合理解释的实验室，以及选择同一实验室进行长期指标监测，都非常重要。

4.2.5 葡萄种植者有什么选择？

（1）建立新葡萄园时的选择

如果在一个新的地点建立葡萄园，应该评估当地的气候和土壤，以确保通过品种组合来实现理想的葡萄酒风格和经济效益。葡萄种植者还应考虑地形、葡萄园活力潜力、季节性太阳入射角度和方位、葡萄行向和行间距、架式和树冠管理、是否使用砧木、水资源（降雨和灌溉）、机械类型以及移栽前清除现有土壤障碍（见第五章）。

正如本章前面"野外观察和土壤取样"中所讨论的，土壤剖面坑对于评估葡萄园土壤和采集土壤样本（尤其是底土）非常有用。主要的干预措施在移栽前更容易进行，如深耕，安装排水设备，施入石膏、石灰、活性磷矿石（RPR）和有机物料。

为了评估一个新建葡萄园土壤的大量营养元素和微量营养元素的状况，可以借鉴Lanyon等（2004）建议的土壤供应养分从缺乏到过量（潜在毒性）的浓度范围，如表4.7所示。

表4.7　酿酒葡萄种植中土壤养分状况的建议标准

有效养分[a]	土壤养分的浓度范围/（mg/kg）				
	缺乏	临界	充足	高	过量
K	<50	50～100	100～250	>250	
P	<25	25～35	35～80	>70	
S	<10				
Cu	<0.1	0.1～0.2	0.2～0.4	>04	>2
Zn	<0.5	0.5～1	1～2	2～20	>20
Mn		<2	2～4		
Fe			>4.5		
Al					>100
B	<0.1		0.2～1.0		>3.0

注：a. K、P用Colwell碳酸氢盐提取；S用磷酸盐-乙酸或氯化钙提取；Cu、Zn、Mn、Fe用DPTA提取；Al用氯化铵提取；B用热水提取。

资料来源：Lanyon等（2004）。

对于土壤的物理条件，潜在的土壤水分有效性可以通过土壤的质地来预估，如表B3.1.1所示。或土壤孔隙度可以根据土壤容重来预估，见表3.2。

（2）已建成葡萄园土壤的监测

在已建成葡萄园中，植物组织分析可作为土壤分析的辅助手段，以评估葡萄的健康和营养状况。对微量元素来说尤其如此，因为相关土壤因子的测试是基于经验提取方法，这些方法不一定与葡萄的营养状况密切相关。营养缺乏或毒性的第一个信号可能是"视觉症状"——如叶片颜色、叶片生长、开花或坐果异常等，但由于病害或温度异常均可能导致类似的症状，因此应该利用植物分析来验证。

根据Nicholas（2004）和White（2015）描述的方法，通常对植物开花时采集叶柄进行分析。澳大利亚现行的关于开花时叶柄取样方法的标准，是参照加利福尼亚州的数据，并根据澳大利亚一系列品种的田间测定结果修正后制定的（表4.8）。

表4.8 开花时葡萄叶柄营养元素含量标准

营养元素与单位	组织的浓度范围					注释
	缺乏	临界	适宜	高	有毒	
N/%			0.8 ~ 1.1			叶子呈均匀的淡黄色表示缺乏
NO₃⁻-N/（mg/kg）	<340	340 ~ 499	500 ~ 1 200	>1 200		值应与N%一起解释，会更准确
P/%	<0.20	0.20 ~ 0.24	0.25 ~ 0.50	>0.50		拉姆齐砧木的葡萄，含量为0.30% ~ 0.55%时表明供应适宜
K/%	<1.0	1.0 ~ 1.7	1.8 ~ 3.0			当N%过量时，K含量应>1.3%。对拉姆齐砧木上的葡萄植株来说，<3%为含量不足，3% ~ 4.5%为含量适宜；叶片缺失表现为边缘坏死
Ca/%			1.2 ~ 2.5			供应缺乏的嫩枝发育不良，可能死亡
Mg/%	<0.3	0.3 ~ 0.39	>0.4			数值通常远高于0.4%，且无明显毒性作用
Na/%					>0.5	与土壤盐碱化和碱土有关
Cl/%					>1.0 ~ 1.5	嫁接于拉姆齐砧木上的葡萄植株叶柄Cl高，表明可能发生淹水。在没有其他胁迫的情况下，葡萄藤表现出可以忍受较高的Cl浓度
Fe/（mg/kg）			>30			灰尘污染会导致更高的数值；当缺乏严重时，幼叶发生脉间失绿
Cu/（mg/kg）	<3	3 ~ 5	6 ~ 11			很少因含铜杀菌剂喷施引起过量；>15 mg/kg表示可能喷施污染
Zn/（mg/kg）	<15	16 ~ 25	>26			侧枝发育不良，脉间失绿；不像缺铁那么明显
Mn/（mg/kg）	<20	20 ~ 29	30 ~ 60			缺乏可表现为老叶脉间失绿
B（mg/kg）	<25	26 ~ 34	35 ~ 70			对于高范围的值，需进行叶片分析确认；值>150 mg/kg表示B毒害发生

资料来源：Stevens和Harvey（1995），Stevens等（1996），Robinson等（1997），Goldspink和Howes（2001），Nicholas（2004）。

　　土壤和植物分析测定相结合有助于确认盐害效应（关于Na和Cl）和微量营养元素有效性（受土壤pH值影响）。在给定的葡萄园土壤因子测试中，品种差异可能对叶柄测定指标解释有影响。例如，与其他品种相比，黑比诺的磷含量要低得多，而赤霞珠和梅洛通常比其他品种具有更高的钾含量。另外，叶柄钾含量的测定，可能不太适用于发育于伊利石黏土母质上有"固定"钾释放的葡萄园土壤，因为这些土壤中存在自然高钾供应的情况（见第三章"黏土矿物属性"）。叶柄中营养元素浓度随着藤蔓的生长发育而变化（因此，需要在相同的生长阶段进行采样），这些指标季节之间的变化可能很大，在考虑随时间变化的趋势时，需要考虑季节之间的差异。图4.5是叶柄磷含量随时间变化的例子，虽然每年都有波动，但总体趋势是升高的。

　　小贴士4.3总结了在已建成葡萄园中利用土壤或植物分析评估葡萄营养状况的利弊。

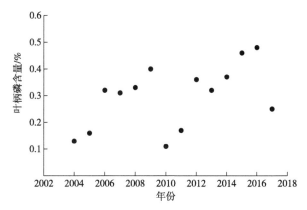

图4.5　新西兰马丁堡特穆纳葡萄园长相思葡萄叶柄磷浓度随时间变化趋势
（数据由新西兰克拉吉酒庄葡萄园、国家葡萄园管理公司Daniel Watson提供）

小贴士4.3　利用土壤和植物分析评价葡萄营养状况的优缺点

● 叶柄养分分析与单一有效养分库的土壤测量相比的优点：叶柄综合了影响营养离子吸收的各种因素。此外，由于从葡萄园种植区内不同的植物上采集了多个叶片样本（约30片以上），一些不可避免的空间变异被平均化了。

- 然而，叶柄分析在时间上只显示了一个瞬间的结果。对于植物流动性强的养分，如氮、磷和钾，它们在组织中的含量会随着葡萄的发育阶段而迅速变化，尤其是开花和果实成熟期间。因此，最重要的是在每个季节的相同物候期对叶片进行取样。另外，土壤中有效养分含量的测定可以显示相当长一段时间内的养分供应情况。

- 易移动营养元素在组织中的含量受土壤水分状况的影响，干燥条件会降低其浓度。理想情况下，葡萄组织应该在土壤水分充足时进行取样，如果不可能，在取样时应记录土壤水分状况。

- 测定方法的选择必须适合所要监测的土壤特定养分。例如，碳酸氢盐提取测定土壤磷的方法（Olsen et al., 1954），不适用于RPR处理的土壤（Saggar et al., 1992）。Saggar等认为应该使用阴-阳离子提取法。活性磷酸盐处理的土壤可以使用Mehlich P酸性提取剂（Mehlich, 1984）进行相对更准确的测定。

- 当土壤取样的时间与植物取样的时间明显不同时，植物和土壤分析结果之间的差异就可能会发生。例如，土壤取样通常在冬季葡萄藤休眠时进行，而植物取样则建议在开花时进行。理想状况是，在满足葡萄园其他管理措施的条件下，土壤和植物采样之间的时间应该尽可能缩短。

（3）改造或更新已建成葡萄园时的选择

尽管对已建成葡萄园进行改造或更新应遵循上一节讨论的原则，但仍需要强调一些细微但重要的差异。在以上情况下，应该考虑以往葡萄树势、病害易感性、酿酒性能和区域土壤问题等历史状况。土壤问题改善措施见第五章，或者甚至考虑在种植表现差的区域，不再更新种植葡萄。另外，如果目标仅仅是用新品种补种葡萄园，那么就有机会选择特定的砧木品种。

- 防范根瘤蚜和植物寄生线虫等问题。
- 调节植株生长的活力。
- 使葡萄具有更好的耐旱性、耐盐性或土壤高pH值耐性（表6.1）。

4.3　总结

土壤健康可间接或直接评估。间接评估依赖于确定葡萄园最佳管理实践的可持续性规程。更为严格的行业规程，如新西兰种植规程，要求葡萄种植者通过定期测量关键土壤因子来监测土壤健康。第五章讨论了影响土壤健康的葡萄栽培管理措施。

土壤健康的直接评估方法依赖于土壤性质的测定和植物分析。本书描述了影响土壤健康的土壤物理、化学和生物因子的选择以及评估的基本原则，并对每种因子的优缺点进行了评述。

我们讨论了获得代表性样品、随时间进行监测、选择可靠的实验室以及使用相同的测量方法测量相同土壤因子的重要性。我们强调需要了解的测量单位以及结果的准确度和精确度之间的差异。我们还讨论了植物分析如何成为葡萄园土壤测试的重要辅助手段。

对于澳大利亚，我们在表4.6中列出了科学家和葡萄种植者一致认为需要监测的土壤因子的最小数据集（MDS）。然而，要测量的土壤因子的选择将取决于葡萄园的环境情况。例如，是新建葡萄园还是更新或改造的葡萄园。最重要的是，土壤因子的选择取决于葡萄种植者的目标，该目标将由个人喜好、生活方式、气候条件、葡萄品种、葡萄酒风味偏好以及最终全球葡萄酒市场的经济状况等因素决定。

参考文献

ANDERSON J P E, DOMSCH K H, 1978. Physiological method for quantitative measurement of microbial biomass in soils. *Soil Biology & Biochemistry* 10, 215-221. doi: 10. 1016/0038-0717（78）90099-8

ANDERSON T H, JOERGENSEN R G, 1997. Relationship between SIR and CFE estimates of microbial biomass C in deciduous forest soils at different pH. *Soil Biology & Biochemistry* 29, 1 033-1 042. doi: 10. 1016/S0038-0717（97）00011-4

California Sustainable Winegrowing Alliance, 2012. *California Code of Sustainable Winegrowing Workbook*. CSWA, San Francisco CA, USA, <www.sustainablewinegrowing. org>.

EDWARDS J, 2014. 'Setting benchmarks and recommendations for management of soil health in Australian viticulture.' Final report to the Australian Grape and

Wine Authority, DPI 1101. Department of Environment and Primary Industries, Victoria, <www. wineaustralia. com/getmedia/b354820d-03e4-4732-8513-b8e577e060c5/ Final-Report-DPI-1101>.

Field D J, McKenzie D C, Koppi A J, 1997. Development of an improved Yertisol stability test for SOILpak. *Australian Journal of Soil Research* 35, 843–852. doi: 10. 1071/S96118

GOLDSPINK B H, HOWES K M, 2001. *Fertilisers for Wine Grapes.* 3rd revised edn. Bulletin 4421. Agriculture Western Australia, Perth.

Gugino B K, Idowu O J, Schindelbeck R R, *et al.*, 2009. *Cornell Soil Health Assessment Training Manual.* 2nd edn. Cornell University, Geneva NY.

LANYON D M, HANSEN D, CASS A, 2004. 'The effect of soil properties on vine performance'. Technical Report No. 34/04. CSIRO Land and Water. Adelaide, South Australia.

MATTHEWS M A, 2016. *Terroir and Other Myths of Winegrowing.* University of California Press, Oaklands CA, USA.

MCDONALD R C, ISBELL R F, 2009. Soil profile. In *Australian Soil and Land Survey field Handbook.* 3rd edn. (Ed. National Committee on Soil and Terrain) pp. 147–200. CSIRO Publishing, Melbourne.

MCLOUGHLIN S, POWELL K, PEARCE I, 2017. Vigilance required in phylloxera fight. *The Australian & New Zealand Grapegrower & Winemaker* 637, 34–38.

MEHLICH A, 1984. Mehlich 3 soil test extractant: a modification of Mehlich 2 extractant. *Communications in Soil Science and Plant Analysis* 15, 1 409–1 416. doi: 10. 1080/00103628409367568

NANNIPIERI P, GIAGNONI L, RENELLA G, *et al.*, 2012. Soil enzymology: classical and molecular approaches. *Biology and Fertility of Soils* 48, 743–762. doi: i0. 1007/s00374-012-0723-0

New Zealand Winegrowers, 2018. *Sustainable Winegrowing New Zealand.* New Zealand Winegrowers, Auckland, New Zealand, <www. nzwine. com>.

NICHOLAS P (Ed.), 2004. *Soil, Irrigation and Nutrition.* Grape production series number 2. South Australian Research and Development Institute, Adelaide.

OLIVER D P, BRAMLEY R G V, RICHES D, *et al.*, 2013. Review: soil physical and chemical properties as indicators of soil quality in Australian viticulture. *Australian Journal of Grape and Wine Research* 19, 129–139. doi: 10. 1111/ajgw. 12016

OLSEN S R, COLE C V, WATANABE F S, *et al.*, 1954. Estimation of available phosphorus in soils by extraction with sodium bicarbonate. Circular No. 939. US Department of Agriculture, Washington DC, USA.

PEHAM T, STEINER F M, SCHLICK-STEINER B C, *et al.*, 2017. Are we ready to detect nematode diversity by next generation sequencing? *Ecology and Evolution* 7, 4 147–4 151. doi: 10. 1002/ece3. 2998

PROFFITT T, BRAMLEY R, LAMB D, *et al.*, 2006. *Precision Viticulture: A*

New Era in Vineyard Management and Wine Production. Winetitles，Adelaide.

RAWNSLEY B，2010. Use of biological tests to assess vineyard soil health. *Australian Viticulture* 14（4），51-53.

Rayment G E，Lyons D J，2011. *Soil Chemical Methods-Australasia*. CSIRO Publishing，Melbourne.

RICHES D，PORTER I J，OLIVER D P，*et al.*，2013. Review：soil biological properties as indicators of soil quality in Australian viticulture. *Australian Journal of Grape and Wine Research* 19，311-323.

ROBINSON J B，TREEBY M，STEPHENSON R A，1997. Fruits，vines and nuts. In *Plant Analysis：an Interpretation Manual*. 2nd edn.（Eds DJ Reuter and JB Robinson）pp. 349-382. CSIRO Publishing，Melbourne.

SAGGAR S，HEDLEY M J，WHITE R E，1992. Development and evaluation of an improved soil test for phosphorus. 1. The influence of phosphorus fertilizer solubility and soil properties on the extractability of soil P. *Fertilizer Research* 33，81-91. doi：10. 1007/ BF01058012

SMART R，2010. In defence of conventional viticulture. *Wine Industry Journal* 25（5），10-12.

SOIL SURVEY STAFF，1951. *Soil Survey Manual*. USDA Agricultural Handbook Number 18. Government Printer，Washington DC，USA.

STEVENS RM，HARVEY G，1995. Effects of waterlogging，rootstock and salinity on Na，Cl and K concentrations of the leaf and root，and shoot growth of Sultana grapevines. *Australian Journal of Agricultural Research* 46，541-551. doi：10. 1071/AR9950541.

STEVENS R M，HARVEY G，DAVIES G，1996. Separating the effects of foliar and root salt uptake on growth and mineral composition of four grapevine cultivars on their own roots and on Ramsey rootstock. *Journal of the American Society for Horticultural Science* 121，569-575.

WHITE R E，2015. *Understanding Vineyard Soils*. 2nd edn. Oxford University Press，New York，USA.

ZHANG X，WALKER R R，STEVENS R M，*et al.*，2002. Yield-salinity relationships of different grapevine（Vitis vinifera L. ）scion-rootstock combinations. *Australian Journal of Grape and Wine Research* 8，150-156. doi：10. 1111/j. 1755-0238. 2002. tb00250. x

扩展阅读

National Committee on Soil and Terrain，2009. *Australian Soil and Land Survey Field Handbook*. 3rd edn. CSIRO Publishing，Melbourne.

STIRLING G，HAYDEN H，PATTISON T，*et al.*，2016. *Soil Health，Soil Biology，Soilborne Diseases and Sustainable Agriculture*. CSIRO Publishing，

Melbourne.

WALKER G E, STIRLING G R, 2008. Plant-parasitic nematodes in Australian viticulture: key pests, current management practices and opportunities for future improvements. *Australasian Plant Pathology* 37, 268-278. doi: 10. 1071/AP08018

第五章

葡萄栽培与土壤健康

与土壤有关的葡萄栽培模式一般可以分成3种：传统栽培、有机栽培和生物动力栽培。然而，在酿酒葡萄生产中，人们对于土壤和葡萄园管理的认识正在逐步改变，逐步实践形成的管理模式包括传统模式、有机模式、生物动力模式，以及综合模式。

- 传统模式：葡萄种植行喷洒除草剂、行间清耕（翻耕）进行杂草控制，使用合成肥料和化合物。
- 有机模式：不使用任何化合物，需要通过认证，符合认证机构规定的标准。
- 生物动力模式：有时也需要认证，使用特殊的添加物应用到土壤上、喷洒到葡萄上或施到堆肥里。可能要求根据月相或其他天象进行种植或收获等管理。
- 综合模式：传统模式与有机模式、生物动力模式相结合的模式，如行间种植覆盖作物，使用覆盖物、堆肥产物和叶面喷施有机类物质（如堆肥茶）。

许多葡萄种植者愿意采取综合模式，因为这样可以满足他们减少化肥使用，并注重土壤健康的愿望。他们选择最佳管理措施组合，而不是遵循由不同有机和生物动力认证机构提出的条件。严格遵循这些条件，不仅管理费力，而且在一些难以防治的不利季节进行病虫害防治时，还限制了种植者的选择。因此，在这一章中，我们参照商业葡萄园的管理实践，探讨了改善土壤健康的一系列管理实践的优缺点，然后按照葡萄栽培模式，包括传统模式、有机模式和生物动力模式，讨论了这些管理措施的实践应用。通过这一探讨，自然进入第六章，进一步讨论土壤因子对葡萄与葡萄酒成分和品质的影响。

5.1 基于土壤健康的葡萄栽培管理

5.1.1 移栽前

假定葡萄园选址等复杂问题已经解决，酿酒葡萄种植者正面临移栽前的土壤准备。这些问题已经在《地址选择与土壤准备》（White，2015）一书的第二章进行了讨论。我们也假定，根据本书第四章"土壤健康的直接评价"中提出的步骤，种植者已经认识到葡萄园的土壤空间变异，通过剖面坑、土壤取样和分析，种植者已经评估了土壤健康的状况，并清楚在此土壤上种植葡萄的限制因素。

可能出现的主要限制因素如下：

- 母岩或有害底土造成的土壤深度限制。
- 土壤坡度和侵蚀敏感性。
- 从表土到底土土壤结构的稳定性。
- 土壤pH值和必需营养元素有效性。
- 排水、盐分与根系生长。
- 病虫害发生的可能性。

（1）有效土壤深度

在第三章的"动态物理因子-有效土壤深度"一节中，给出了一些由于下部母岩或底土物理或化学因子造成的限制根系下扎深度的例子。

深松是克服这些限制的重要措施。深松可以顺着种植行进行，需要一个安装有直杆裂土器的大马力履带式拖拉机，深松深度可达0.6～1.2 m（24～47 in.），这一措施可以应用于石灰岩发育的浅层土壤上，如南澳大利亚麦克拉伦河谷地区的高地，或者应用于含有黏土的紧实亚土层（B层）和较浅的轻质表土层（A层）的"复合土"上（见第二章"澳大利亚东南部葡萄酒集中产区"）。澳大利亚、南非的西部省份、美国东部皮埃蒙特地区的许多酿酒葡萄种植区均存在这种"复合土"（图3.3）。这种土壤含有高容重、高土壤强度的大块状团聚体。在法国南部的埃罗省朗格多克-鲁西隆等其他地区，深松可用来克服粉质砂壤土因铧式犁耕作问题导致的土壤压实层。在裂土器杆的基部加装"铁翼"可促进底土土块的破碎，但这一方法不适用于岩石底土，因为这样会将大量石头带到表层。

Cass等（2003）研究发现，在低活力、密植葡萄园，耕作深度不必超过0.6 m，在有较宽空间、葡萄生长旺盛的葡萄园，需要深松深度为0.9～1.2 m，深松的理想效果是形成高比例直径为5～25 mm（0.2～1 in.）的团聚体结构。对于黏土底土，进行耕作时的水分含量非常关键。如果底土太干，会产生大量、大密度土块和细土的混合物；相反，如果底土太潮湿，由于黏土的可塑性很强，土壤就只是重塑和弥散而不会破裂。小贴士5.1描述了如何确定适宜深松的土壤含水量。

小贴士5.1　确定适宜土壤深松的最佳含水量

对黏壤土和黏土底土的土壤进行深松时，临界土壤含水量刚刚低于可塑性限值（即土壤最大含水量时，施加外力，土壤并不弥散，但开始破裂）。土壤可塑性限值介于土壤田间持水量（FC）与永久萎蔫点（PWP）之间（见第三章"土壤含水量及其有效性"）。

判断土壤是否接近可塑性限值的实际操作方法如下：取土壤样品用手指揉捏，打破团粒结构并揉成一个球形，再将球搓成条，泥条的长度可以指示土壤耕作的适宜程度，具体如下。

● 如果球形搓成泥条，开始破裂时，泥条直径约3 mm（0.12 in.），此时的土壤适宜耕作。
● 如果球形搓成泥条，泥条直径小于3 mm时，仍然保持完整而不破裂，则该土壤太湿，耕作后的破碎程度不能令人满意。
● 如果土壤不能搓成泥条，或者泥条开始破碎时直径大于6 mm（0.24 in.），则土壤太干，不适宜耕作。

黏土底土是否适宜耕作的另一个指标是，可利用含水量降低到约50 mm/m土壤深度为宜。酿酒葡萄种植区域，一般最佳耕作时间是初冬（土壤开始由干变湿）或初夏（土壤开始由湿变干）。

增加有效土壤深度的总体目标是使葡萄特别是干旱栽培葡萄，扩大吸水和吸收营养的土壤体积。因此，另一个解决天然浅层土壤的方法是挖取行间土壤，在种植行培土。当表土是砂壤土到壤土类型，并具有松散的土壤结构时，这一技术特别有效（图3.1b展示了这一类型的结构），结构良好表土的深度有可能翻倍，可使葡萄苗在其根系碰到岩石或致密的底土层之前良好生长。然而，当行内堆土来自行间，葡萄根系伸展到行间时，碰到土层深度会更浅。如图5.1所示为澳大利亚新南威尔士州亨特谷浅层红棕壤上进行堆土操作的例子。

图5.1　澳大利亚新南威尔士州亨特谷葡萄园行内堆土

（2）坡度与侵蚀敏感性

侵蚀敏感性是个复杂问题，由土壤侵蚀度和降雨侵蚀力决定。土壤坡度陡（>10%）一般较易受侵蚀，但德国摩泽尔谷的高渗透能力的石质土例外。清耕会造成土壤侵蚀度的增加。图5.2所示为法国勃艮第科多尔清耕种植的葡萄园土壤在夏季暴雨过后受侵蚀的结果。梯田是打断陡坡和较长时间保持径流水的方法，这样水分有更多机会渗入土壤。在美国纳帕谷，可能需要梯田作为5%以上坡度地块侵蚀控制计划的一部分，在意大利东北弗留利地区坡地修建了大量梯田用作新建葡萄园。

图5.2　法国勃艮第科多尔葡萄园在长坡地形的底部形成的侵蚀土壤的积累

当土壤较浅时，梯田的结构能彻底改变土壤深度，而这与葡萄生长密切相关。例如，在美国华盛顿州东部的沃拉沃拉河谷葡萄酒产区，修建梯田造成的土壤移动，使前面的土壤深度较深，而后面的土壤深度较浅。在雨水较少的葡萄园，这一改变会造成后面梯田土壤可利用水和养分较少，与前面梯田相比，葡萄生长明显较差（图5.3）。在欧洲许多葡萄产区建在陡坡上的葡萄园，如葡萄牙的杜罗河以及瑞士维斯州和瓦莱州等浅层、岩质土壤地区的葡萄园，都通过岩石挡土墙来建设梯田。在这些情况下，葡萄所处的葡萄园位置对其生长没有什么影响，但有限的土层深度和地块的自然排水情况对葡萄生长影响很大。

（3）土壤结构的稳定性

在第三章"土壤结构"中给出了表土和底土的理想土壤结构。结构不良的底土存在的问题，在本章前面有关土壤深度和土壤深松的部分进行了讨论。如在澳大利亚东南部出现的那样。容易引发黏土底土不良结构的因素，是高比例的交换性钠离子和镁离子（Na^+和Mg^+）妨碍了水稳定性团聚体的形成（见第三章"交换性阳离子和团聚体稳定性"），在潮湿条件下，这些底土由于排水不畅开始渍水，但干燥时，底土变得非常坚硬，限制了根系的生长和对水分的吸收。

图5.3　美国华盛顿州沃拉沃拉河谷葡萄酒产区浅层土壤上的葡萄园梯田

依据潮解和黏土分散进行团聚体稳定性的测定可参照表4.2和表4.6。图B3.4.2表示在田间如何观测这种现象。小贴士5.2提供了3个葡萄园土壤底土化学参数的比较研究案例。

小贴士5.2　底土化学性质对土壤结构稳定性和排水性能的影响

表B5.2.1中的数据代表葡萄园中2种"复合土"（强酸土和石灰土）（图4.2c）和一种来自澳大利亚维多利亚地区的层状红壤土（红色肤质

土）的下层土壤（图B5.2.1）。尽管强酸土中的钠碱化度（ESP）低于临界值6，但可溶性全盐浓度（TSS）低，Ca/Mg比例非常低，表明底土结构可能很不稳定。理想的Ca/Mg比例应该是2～4。尽管石灰土中TSS浓度较高，但Ca/Mg比例非常低，ESP值大于6，所以这种土壤肯定具有不稳定底土结构并排水不良。另外，红色肤质土TSS中等，具有适宜的Ca/Mg比例和很低的ESP，所以这种土壤具有稳定的底土结构。土壤底土呈现均一的橘红色，表明排水良好。

表B5.2.1　澳大利亚维多利亚地区葡萄园中3种不同底土的化学特性

土壤属性	强酸土	石灰土	红色肤质土
	深度50～60 cm	深度30～50 cm	深度30～50 cm
pH_{Ca}	4.6	7.0	5.2
可溶性全盐TSS/%	0.018	1.3	0.9
CEC/（$cmol_c$/kg）	14.5	12.4	17.2
Ca/（$cmol_c$/kg）	0.7	1.0	5.1
Mg/（$cmol_c$/kg）	2.9	5.0	2.4
Na/（$cmol_c$/kg）	0.4	3.5	0.2
Ca/Mg/（$cmol_c$/kg）	0.2	0.2	2.1
ESP	2.4	27.6	0.9

改良措施：

前两种"复合土"可以使用石膏（$CaSO_4 \cdot 2H_2O$）改善底土条件。由于石膏比石灰（溶解度为2.4 g/L）更溶于水，石膏会逐渐溶解，而且Ca^{2+}渗漏到土壤下层渐渐代替黏土中的Mg^{2+}和Ca^{2+}。这一过程一般发生在灌溉或自然降雨期间，但最有效的还是一开始就把石膏旋耕到土壤表面。石膏还可以液体形式使用。最初使用石膏的量不超过5 t/hm²，随后每年施入1～2 t/hm²，直到底土的ESP小于6，Ca/Mg大于2。

红色肤质土不需要石膏处理，而是要施用石灰增加其pH值到5.5以上（见下文"土壤pH和养分有效性"）。

图B5.2.1　澳大利亚维多利亚州吉普斯兰地区的红壤土（红棕壤土）剖面

（4）土壤pH和养分有效性

表4.6给出了适宜葡萄生长pH_{Ca}值的最优范围为5.5～7.5。pH_{Ca}值低于5.5时，可能会发生铝毒害和钼缺乏；pH_{Ca}值高于7.5时，可能会发生Zn、Mn和Fe缺乏。低pH值可以通过施加石灰进行调节。石灰类型有粗石灰（$CaCO_3$）、生石灰（CaO）和熟石灰[Ca（OH）$_2$]。$CaCO_3$不溶于水（溶解度约0.014 g/L），像石膏一样，其有效性取决于它的粒径大小及其与土壤是否很好地混合，施入时必须旋耕入土壤。因为石灰的不溶解性，所以其调节底土的酸性更加困难。在这种情况下，可使用更多可溶性的和有活性的石灰类型，如生石灰和熟石灰，尽管它们更难操作一些。虽然使用石膏不会改变土壤的pH值，但溶解度更高的石膏溶解并淋溶至下方的Ca^{2+}可以中和一些酸性底土中交换性的Al^{3+}，进而减少其负面效应[如表B5.2.1中的强酸土]。

另外，当土壤磷缺乏时，使用活性磷酸盐矿粉（RPR）对土壤有益，原因如下：

● RPR在酸性土壤中更容易溶解。

● RPR具有石灰等价效应——约相当于40%的农用石灰（以重量计）。

　　而且，RPR应该在种植以前就混入土壤。其他营养元素如N、K和微量元素可以根据土壤测试结果，最初由颗粒状可溶性化肥进行供应。

　　改良酸性土壤使其pH_{Ca}值大于5.5，石灰的用量与其有效中和值（由粒径大小和杂质含量决定）和土壤pH的缓冲能力有关（表4.3）。初次施用量可达5 t/hm^2，但是在高黏性和高有机质含量的土壤中可能需要更大的量。降低土壤的pH值，尤其是活性$CaCO_3$存在的土壤（$pH_{Ca}>7.5$）会非常困难，因为碳酸盐的缓冲能力很强。在这种情况下，应考虑使用具有石灰抗性的葡萄砧木。尽管自根的欧洲葡萄或嫁接在欧洲葡萄砧木上的葡萄品种，对高pH有耐受性，但如果存在线虫和根瘤蚜虫害的可能时，自根欧洲葡萄和嫁接在欧洲葡萄砧木上的葡萄品种都不能使用。与其他砧木相比，冬葡萄×沙地葡萄或冬葡萄×河岸葡萄杂交选育的砧木品种（如1103P、99R、110R、140Ru、SO4、5C、5BB、420A、5489M和5512M）具有较好的石灰抗性。

（5）排水、盐分与根系生长

　　来自较高区域的壤中横向流，可能导致水在葡萄园内较低地块的土壤表面形成渍水。如果底土颜色是均一的蓝灰色，并且没有明显的团粒结构，这样的土壤在大多数年份可能被水淹没，不适合葡萄栽培。底土只是季节性淹水（一般是冬季后期到春季）的土壤，会在浅灰褐色的土层出现斑块——由铁氧化物形成的橘色到红色斑块，如图3.4所示。这些排水不良的土壤可以通过下列方法改良，或者进行有效底土深松，或者根据经验丰富的排水承包商建议，在土壤亚表层安装PVC排水管道。地下排水管道的深度和间隔，应根据底土的水分导度来确定（见第三章"土壤含水量"）。在黏质土壤中，管道排水的效果可以通过从土壤表面打与排水管成直角的鼹鼠洞样的排水洞加以改善。但是鼹鼠洞式的排水不适用于结构不稳定、容易散开的底土土壤，否则这样的鼹鼠洞会坍塌（见"土壤结构的稳定性"）。

　　欧洲葡萄的果实产量在土壤EC_e大于2 dS/m时会受到影响。底土高盐度可以通过安装地下排水管带走多余的盐分而抵消。另外，葡萄品种嫁接在耐盐砧木上，如拉姆齐、施瓦兹曼或140Ru，也可以考虑。但是，如果造成土壤盐度高的根本原因不能消除，盐分浓度将不断增加，即使使用耐盐的砧木，葡萄的生长和产量也会下降。许多国家规定了葡萄酒中允许最大盐浓度，如《澳大利亚-新西兰食品标准规范》（4.5.1）规定可溶性氯化物浓度低于1 g/L（以氯化钠表示），这一规定限制了盐碱土葡萄的种植，相关地区需要检测盐浓度，以保证符合食品标准规范要求。

（6）病虫害

表4.5列出了最常见的葡萄根系病虫害。在加州一些地区，受到真菌病害和植物寄生线虫病害较为严重的新建葡萄园，采用了熏蒸措施，适宜的熏蒸剂包括威百亩（甲基二硫代氨基甲酸钠）或者二氯丙烯取代臭氧消耗型的溴化甲烷等化学制剂。熏蒸剂杀死线虫的同时，也杀死了有益的土壤生物，并且熏蒸效果持效性并不长。而且，熏蒸不能杀死影响更严重的根瘤蚜害虫，所以防治根瘤蚜和线虫的最佳手段是使用抗性砧木。在前茬作物清除后，葡萄苗刚刚种植时的线虫病害往往非常严重。关于线虫抗性，选择合适的砧木取决于是否了解当前的线虫种类，因此线虫种类的专业鉴定非常必要。

根瘤蚜的生物类型很多（如已知澳大利亚就有83种，每种都具有不同危害力）。砧木对根瘤蚜的耐性/抗性也明显不同。因此，具体产区选择砧木时，需要明确以下几点：

- 地区发病潜力（包括土壤障碍因子）。
- 根瘤蚜带来的生物安全风险。
- 理想的成年树体活力水平。
- 嫁接到砧木上的接穗（品种和无性系）及其亲和性。
- 特定砧/穗组合的有效性。
- 生产的葡萄酒风格。

如前所述，线虫砧木耐/抗选择范围很广，需要专业人员指导。然而，经验表明，以欧洲葡萄为亲本培育的砧木品种，对根瘤蚜的抗性不足。

用插条进行葡萄种植可能带有致病性的病毒和细菌，尤其是植原体，以及致病性真菌的孢子（表4.5）。为保证插条不带病，定植之前，插条应在50℃（122℉）的热水中浸泡30 min。如果为了杀死刺吸式害虫的卵，如葡萄叶蝉，它们是葡萄金黄化病（flavescence dorée）的传播者，插条应该用热水浸泡45 min。但这种热水处理对插条成活率有影响。因此，必须由苗木生产商使用正确的可控制温度的热水浸泡容器进行操作。

5.1.2　清耕

（1）赞成和反对的原因

耕作措施包括打破表土，主要是为了清除杂草（杂草被定义为：非栽培的野生植物或对人类有碍的植物）。正如后面要提及的"覆盖作物"一节中所述，在大面积农业中各种被认为是杂草的品种可能不适合在葡萄园作覆盖作物，如果它们对葡萄生长没有明确的有害影响，就不属于杂草。全世界葡萄园，行间耕作传统上使用齿犁、盘犁、铧式犁。图5.4为位于澳大利亚新南威尔士州亨特谷的一个行间旋耕后的葡萄园。在"土壤pH和养分有效性"一节中，我们已经指出，在种植或建园时，旋耕一般有利于不溶性的石灰、活性磷酸盐矿粉（RPR）或部分溶解的石膏混合到表土里面。行内耕作需要专用机械，通常为把带有角铁支架的旋耕盘安装在拖拉机上，可将行内的杂草割短，并有部分培土作用（图5.5）。通常后面装有一个水平刀片割草机，用来割草并平整地面。耕作的深度应浅，以免切断土壤表土层的大量葡萄营养根。

图5.4　澳大利亚亨特谷葡萄园行间耕作

图5.5　澳大利亚雅拉谷德保利庄园一台行内耕作机

目前行内耕作再次兴起，因为葡萄种植者想减少对除草剂的依赖——特别是欧洲葡萄种植区，一个生长季内除草剂的使用次数受到严格限制。在石质表土的葡萄园，由于机械的磨损很大，行内耕作不太现实，这样的例子有新西兰吉布利特产区（图5.6）和美国华盛顿州米尔顿-弗里沃特产区（图2.11）。与杂草控制的目标相关联，清耕的主要目的是排除葡萄与行间或行内自生杂草或播种草类对水分的竞争。基于这一原因，在土层浅而排水良好的土壤上，种植密度高的葡萄园往往保持清耕。除了控制杂草，行间和行内耕作有时是必须的，因为土壤中耕可以打破板结，防止板结影响水分入渗。

重复耕作会导致对土壤团聚体的形成和稳定至关重要的有机质更快分解，并造成土壤结构破坏（见第三章"土壤结构"）。这一结构破坏与板结加重、可利用水降低、排水缓慢密切相关。在有机质下降的同时，土壤中微生物的数量和多样性也会降低。例如，法国著名微生物学家克劳德·鲍顾昂（Claude Bourguignon）认为，长期清耕的法国勃艮第葡萄园土壤中生命体甚至少于撒哈拉沙漠（Waldin，2016）。耕作必然带来行间更多机械碾压，正如本章中后面"土壤结构的改良"部分讨论的那样，会导致靠近葡萄行的土壤板结增加。小贴士5.3讨论了连续清耕对西班牙著名的葡萄酒产区拉里奥哈地区葡萄园带来的一些影响。尽管清耕措施在澳大利亚内陆灌溉地区的葡萄园普遍使用，但近年来，这一措施的使用比例开始下降，因为葡萄种植者开始更加关心清耕对葡萄园的负面影响。现在的葡萄园作物覆盖更为常见，这一问题将在下节进行讨论。

图5.6　新西兰霍克湾吉布利特砾石区葡萄园的石质土壤

小贴士5.3　西班牙拉里奥哈地区葡萄园的清耕

以发源于西班牙北方、从西班牙西北部流向地中海的埃布罗河为中心，拉里奥哈地区生产了西班牙40%的高品质葡萄酒。从罗马时代，那里就开始种植葡萄，葡萄酒酿造传统历史悠久。本产区特别是上游产区（里奥哈·阿尔塔）的鲜明特征是葡萄园无论是行内还是行间都广泛采用清耕措施。图B5.3.1所示为里奥哈·阿尔塔（Rioja Alta）葡萄园的清耕土壤。葡萄园土壤形成于原处或冰川洪积层或冲积层上，下垫岩主要是中新世（20万～23 Mya）钙质砂岩。在降雨量较少的地区（年降雨约

400 mm），土壤保留了碳酸钙，天然结构良好。砂质土壤有利于良好排水。在这种土壤上，主要种植丹魄（Tempranillo），还有少量歌海娜（Garnacha），它们根系伸展很广，可以从很深的土层吸收水分和养分。然而，由于被现代清耕使用的旋耕机碾压，这些地区的表层土壤结构显著恶化，土壤有机质和生物多样性下降。在这种情况下，干燥时土壤表面容易板结，影响水分入渗。但是在里奥哈·阿尔塔的博斯克葡萄园（El Bosque），过去大量使用粪便堆肥，因此土壤有机质和生物多样性得以保持，冲积土壤具有至少1.5 m的土壤深度，土壤具有良好的结构。

里奥哈·阿尔塔地区埃布罗河再往北的奥约产区（El Hoyo），土壤形成于砂质石灰岩上，土层仍然很深（1.5～1.8 m），底土为红色，表明含有铁氧化物，并排水良好（图B5.3.2）。底土的结构非常好，但是葡萄园长期使用旋耕机，土壤表面结构遭到破坏，需要通过覆盖作物与施用粪肥恢复（见下一节）。

图B5.3.1　西班牙里奥哈·阿尔塔地区博斯克葡萄园行内和行间清耕

图B5.3.2　西班牙里奥哈·阿尔塔地区奥约产区葡萄园钙质砂岩的深层土壤剖面

5.1.3　葡萄园覆盖作物

在葡萄园行间生长的覆盖作物，既可以是人工播种的，也可以是自然生长的植物种类。在新建的葡萄园可播种单一品种，如冬季谷物，进行覆盖作物种植以保护土壤。根据降雨量，覆盖作物也可以由不同单子叶植物（禾本科植物）和双子叶植物（草本植物和豆科作物）组成以增加多样性。植物品种可以是冬季生长也可以是夏季生长，可以是一年生或如果土壤水分充足也可以是全年生长的多年生植物。覆盖作物可以限定在行间生长，而行内通过耕除或喷洒除草剂保持裸露（图5.1），或者其在行内进行覆盖以抑制杂草生长。一些葡萄种植者在不太关注葡萄与覆盖作物之间的水分和养分竞争的时候，也可能在行内种植覆盖作物（图5.7）。相反，在土壤肥力比较高的地方，覆盖作物可以用来与葡萄竞争水分与养分，特别是氮素，从而限制树势。覆盖作物可以用条播机播到准备好的苗床上，或者如冬季谷物等品种，可以直接播种。McGourty和Christensen（1998）描述了不同的播种方法。

图5.7 澳大利亚雅拉谷葡萄园利用混作进行完全覆盖

Ingels等（1998）详细列出了覆盖作物品种及其特点，White（2015）补充了澳大利亚一些本土品种。网址<http://covercropfinder.com.au/tool.php?id=1>供选择适宜的覆盖作物种类。

（1）为什么覆盖作物对土壤健康有益？

葡萄园覆盖作物可以改善土壤健康，原因如下：

- 保护土壤表面免受雨滴冲击致团聚体结构、土壤颗粒分散的直接影响。土壤颗粒分散后被雨水径流带走，尤其是在坡地，更容易发生土壤侵蚀。降雨的能量被覆盖作物分散，减缓了径流的形成。如果没有覆盖作物的保护，结构差的土壤不仅会发生侵蚀，在干燥时还会形成表面板结阻碍水分入渗，因而进一步增加了土壤侵蚀的可能危害。

- 改善土壤结构、水分入渗、土壤强度和排水等性能。土壤表面的落叶层和覆盖作物死掉的根系，增加了土壤有机质（SOM）含量，有利于土壤团聚体的形成。覆盖作物根系分泌的胶体和植物黏液使这些团聚体更加稳定。而且，如图3.1a所示，高纤维草根系对于保持团粒结合到一起特别有效。深根系草类和一些双子叶植物（如菊苣）也能够因根系生长产生生物孔隙，可以使多余的水分通过这些孔隙迅速排出。如图5.8所示，底土层集聚了许多由生物孔隙形成的有机物沉渍。与良好的排水性能相对应的是土壤结构改善，从而使土壤强度增加，土壤通透性改善，特别是土壤潮湿时，改善更加明显。土壤结构改善的另一个好处是土壤非限制水范围（NLWR）得以保持或增加，因此减少了水分对葡萄的胁迫。

图5.8　澳大利亚塞维利亚葡萄园底土聚合体中由根系生长形成的暗色生物孔隙

● 覆盖作物，特别是长期性草皮覆盖，与行间裸露或行内喷洒除草剂的葡萄园相比，可以增加土壤有机质（SOM）含量。据McGourty和Reganold（2005）估计，每年有$2 \sim 4$ t/hm^{2}的覆盖作物残留物进入葡萄园土壤。然而，实践中，在覆盖作物条件下，有机质的形成较慢，如小贴士5.4案例分析。

● 覆盖作物为有益昆虫和葡萄害虫捕食者提供了栖息地。不仅增加了地下的生物多样性，也增加了地上的生物多样性。葡萄园中有大量天敌与害虫共存，通过捕食和寄生，控制害虫的为害。例如，Thomson和Penfold（2012）报道了甲虫、蜘蛛、蜈蚣、草蛉和胡蜂捕食苹果浅褐卷叶蛾的卵和幼虫，以及瓢虫捕食介壳虫。有益昆虫的种类随着覆盖作物品种的多样性增加而增多，开花的植物为有益昆虫提供了花蜜和花粉。显然，要达到较好的效果，所选择的覆盖作物品种需要在葡萄发育的关键时期开花。

● 覆盖作物可以抑制其他杂草生长。特别是在一年生作物夏季就死亡的情况下长期性覆盖作物的抑制作用比一年生作物更有效。抑制杂草的有效性也与覆盖作物管理有关，如覆盖作物是否定期刈割、覆盖作物是否伸入葡萄行内、覆盖作物的长势，特别是禾本科作物等。谷类覆盖作物可以在春天压平以提供行间覆盖，从而控制杂草。这种作物覆盖可以调节白天土壤温度的变化，有利于如澳大利亚墨累河谷等炎热内陆产区土壤温度变化的调节。Collins和Penfold（2014）发现，夏天生长的匍匐滨藜可以使土壤白天变凉爽，晚上变温暖，同时Penfold和Collins（2012b）发现匍匐滨藜可以抑制有害的白藜藜杂草的生长。

● 覆盖作物对土壤中植物寄生性线虫的影响很复杂。因为只有大约14%的已知线虫种类是植物寄生性的，其余的以细菌或真菌为食，或者是捕食者，或者是非寄生型杂食生物。一般原理是增加土壤有机质，就增加了非寄生型微生物的食物来源，从而有利于抑制植物寄生性线虫的生长。但是，十字花科作物如芥菜、萝卜、加拿大油菜等的残留物，对抑制葡萄园轻质土壤上严重线虫如爪哇根结线虫（*Meloidogyne javanica*）的数量有明显的作用，重复刈割并旋耕翻入葡萄园行内土壤中，十字花科作物效果最佳。Penfold和Collins（2012a）对覆盖作物与植物寄生性线虫之间的相互作用进行了进一步描述。

> **小贴士5.4　覆盖作物对土壤有机质和土壤生物活性的影响研究案例**
>
> Morlat和Jacquet（2003）在法国卢瓦尔河谷进行了连续18年的试验，研究了粉质黏壤土上长期种植羊茅草（*Festuca arundinaceae*）覆盖50%的土壤表面，与利用除草剂处理使土壤表面裸露两者之间的差异。结果表明，

覆盖条件下表土［0～20 cm（8 in.）］中的有机质为1.32%～1.43%，除草剂处理的土壤有机质为0.96%～0.98%，并且在550 mm（22 in.）年降雨量条件下，干旱栽培的葡萄园有机质变化不大。表土下面的有机质含量则没有变化。但是，羊茅草覆盖下土壤容重显著减小，土壤孔隙度增加，根系穿透阻力也显著减小。在澳大利亚东南部葡萄园类似的试验中，Whitelaw-Weckert等（2007）发现，短短3年，与除草剂处理相比，覆盖作物条件下土壤中易分解碳的含量显著增加（表B5.4.1）。

表B5.4.1　长期行内、行间生草处理对澳大利亚东南部两个地区表土土壤中易分解碳含量的影响

地点	易分解碳含量/（mg/cm^{3a}）			
	行内		行间	
	裸露土壤	生草覆盖	裸露土壤	生草覆盖
沃加沃加为温暖地区，砂质壤土表土	1.5	2.6	1.6	2.0
唐巴兰姆巴为凉爽地区，粉质黏壤土表土	2.2	3.8	1.8	8.1

注：a.潮湿土壤中易分解碳测定：在80℃水中提取16 h。

资料来源：Whitelaw-Weckert等（2007）。

易分解碳为微生物种群提供了现成的食物来源，从而增加了微生物的数量与多样性。增加的微生物多样性，特别是纤维分解细菌和假单胞菌，它们有抑制葡萄根系真菌侵染的作用。种植行内土壤生物活性增强是允许覆盖作物翻入种植行内的原因之一，另一个原因是覆盖作物可以改善土壤的物理条件。或者，特定品种可以播种在种植行内以改善生物活性，或提供营养，或不用除草剂控制杂草。例如，在加州北部一些肥力低的地区，一年生三叶草（*Trifolium subterraneum*）播种在种植行内，不仅可抑制杂草，还能提供氮素（Elmore *et al.*, 1998）。

在澳大利亚南部8个酿酒葡萄种植区，进行了一项试验以鉴定容易在种植行生长的作物品种，结果表明，与种植行除草剂处理土壤比较，覆盖作物能促进土壤健康，而且既不减少产量也不影响葡萄果实品质，如图B5.4.1所示，在多个葡萄园种植行内种植扁芒草（*Astrodanthonia geniculata*），

葡萄产量都没有显著降低。这些试验也表明，当一年生、半匍匐的豆科作物播种在种植行内时，可以增加果实产量。同样，当行间种植豆科植物时，由于低的C/N比，其残留物分解释放的矿质氮，有利于葡萄生长与果实产量的提高（表3.9）。然而，在肥力高的地区，这种形式释放的矿质氮，可能会使树势生长过旺，导致生长不平衡。

有机和生物动力栽培的基本原则：通过丰富生物种群，产生不明确的生物分子，这些生物分子可以刺激葡萄生长，提升果实品质。但是，二者的因果关系目前并未被确证（见后述"葡萄栽培的生产模式"）。

图B5.4.1 澳大利亚巴罗萨谷西拉葡萄园行内种植扁芒草

（2）覆盖作物可能存在的不利影响

1）水分有效性

与葡萄竞争水分和养分的覆盖作物会减少葡萄产量。长期性草皮，特别是深根系禾本科植物，可能是竞争性最强的植物。冬季生长的品种可能竞争性较差，因为在它们休眠的夏季，正是葡萄旺盛生长的时候。对于降雨量中、低地区的葡萄园，如法国卢瓦尔河谷和内陆波尔多地区，如果对水分竞争比较严重，播种覆盖作物时往往采用间行播种的方法，以减小水分的竞争。对于内陆炎热地区采用滴灌的葡萄园，如澳大利亚墨累河谷，只在冬季种植覆盖作物，夏天行间基本保持裸露。在这些地区，匍匐滨藜品种也被用作覆盖作物，试验表明这些覆盖作物并不与葡萄产生严重竞争。

2）霜冻与土壤温度

位于寒冷气候区、低洼内陆地区的葡萄园，在葡萄萌芽期，寒潮来临时有可能遭受霜冻危害。行间和种植行中耕的目的是把土壤耙平，使春天寒冷的高密度空气保持在葡萄冠层下部。作物覆盖减少了白天土壤对辐射能的吸收，因此可能增加夜晚霜冻危害的可能性，除非进行覆盖作物刈割。McGourty和Christensen（1998）报道，在加州生长良好的覆盖作物（特别是禾本科作物或谷类作物）的叶子，携带大量的冰核细菌。如果在发芽前尽早进行刈割，禾本科作物覆盖栽培造成的霜冻危害就会减轻，因为刈割越晚，就会有越多的冰核细菌传播到萌发出的葡萄叶片上（冰核细菌越多，越容易诱发霜冻）。覆盖作物剪短也可以使土壤在白天吸收更多的辐射能。最近Lindow等在加州的研究表明（引自McGourty，2017），通过喷施铜制剂减少冰核细菌的群落，能减轻霜冻危害。因此，采用适当的管理措施，春天覆盖作物对土壤结构的好处，不亚于中耕或行间使用除草剂。

5.1.4　葡萄园堆肥

（1）堆肥与土壤健康

许多材料，如绿色植物残渣、秸秆、树皮、畜禽废弃物和葡萄酿酒残渣等都可以制造堆肥。堆肥必须在好氧条件下进行，而且温度>55℃的时间最少保留3天以杀死草种和病原菌。堆肥12～16周后，理想的结果是C/N比<20，这样的比值能促进氮素的矿化（表3.9）。或许自相矛盾的是，堆肥产物还应该是一种稳定的碳残留，它可以留在土壤中，改善土壤表面结构和水分入渗。但是，堆肥产物的好处关键在于刺激土壤微生物种群，而不是显著增加土壤有机质。例如，在法国阿尔萨斯葡萄园的一项长期试验结果表明，在使用堆肥产物处理的土壤中，土壤微生物的生物量碳为1 000 mg/kg，而传统不使用堆肥产物的处理，土壤微生物生物量碳仅为700 mg/kg（Probst et al.，2008）。把植物材料和鸡粪或猪粪一起做成堆肥，可进一步改善堆肥产物的营养价值，特别是氮、磷，促进了对微生物种群的刺激。

（2）堆肥产物施用对土壤有机质的影响

关于有机质，葡萄园长期试验表明，大量施用堆肥产物等有机肥料能够显著提高土壤有机质含量，但其效果与土壤类型有关。例如，Morlat和Chaussod（2008）研究了法国卢瓦尔河谷一个砂壤土葡萄园土壤的有机碳（SOC，是有机质SOM的基础）和在田间持水量时的土壤有效水分变化。该葡萄园经过28年修剪、粪肥和堆肥产物使用处理，对照小区土壤与添加有机肥的小区土壤中表土（0~30 cm）和底土（30~60 cm）的平均SOC含量，在试验开始时没有显著差异。结果表明（表5.1），经过每年施加20 t/hm²粪肥或16 t/hm²的蘑菇渣堆肥产物后，表土SOC几乎翻倍，但对底土的影响非常小。有效水（包括表土与底土）最大增加了9 mm，相当于夏季两天的蒸散量。这一结果与一些研究坚称的堆肥产物使用可以大幅增加土壤持水能力的说法正好相反。堆肥产物当作覆盖物使用以减小土壤蒸发的效果，稍后将在本章"覆盖物与土壤健康"一节中加以讨论。

表5.1 法国卢瓦尔河谷葡萄园连续施用有机调理剂28年后砂土有机碳与有效水含量

	表土/（0~0.3 m）		底土/（0.3~0.6 m）	
	SOC/%	有效水变化/mm	SOC/%	有效水变化/mm
对照——未添加堆肥产物或粪肥	0.63	—	0.44	—
新鲜牛粪/［20 t/（hm²·a）］	1.21	7.5	0.58	1.5
蘑菇渣堆肥产物/［16 t/（hm²·a）］	1.34	7.5	0.64	0.9

资料来源：Morlat和Chaussod（2008）。

卢瓦尔河谷研究结果可能是土壤有机质对堆肥产物施用响应的一个方面。而使用其他类型的堆肥产物在黏重质地土壤上进行的试验结果表明，堆肥产物对SOM有实质性的影响。例如，Edwards（2014）在两个葡萄园比较了种植行内除草剂处理和堆肥产物覆盖处理对SOM含量的影响：一个葡萄园在南澳大利亚麦克拉仑河谷，在黏壤土上种植赤霞珠葡萄，另一个葡萄园在南澳大利亚兰好乐溪，在黏壤土上种植西拉葡萄，结果见表5.2。使用堆肥处理6~8年后，SOC持续增加。

堆肥产物对于砂土SOM含量增加效果弱于黏土，因为有机化合物被吸附到黏土矿物上防止了其分解。另外，木料堆肥与植物堆肥相比，特别是植物与动物粪便共同堆制，其在土壤中可能更加持久。总之，堆肥产物对土壤和葡萄酒质量的影响很复杂。但是，小贴士5.5提供了两个有关堆肥产物对土壤健康的益处，并反映到葡萄酒生产中的研究案例。

表5.2　种植行内堆肥产物对南澳大利亚两个葡萄园黏壤土表土（0~15 cm）SOC的影响

地点	处理	2012年SOC/%	
		种植行除草剂处理	种植行堆肥处理
迈克拉仑河谷10年生葡萄园	2005年施用150 m³/hm²落叶堆肥产物	1.4	3.9
兰好乐溪17年生葡萄园	2004年和2006年施用125 m³/hm²葡萄榨渣堆肥产物	1.2	2.6

资料来源：Edwards（2014）。

小贴士5.5　堆肥产物对澳大利亚两个葡萄园土壤健康和葡萄酒质量的影响

在澳大利亚新南威尔士州希托普斯产区格鲁夫酒庄，土壤为花岗岩底土发育的粗砂壤土，经过多年的农业耕作，SOM基本耗尽。但是这个寒冷气候条件下的葡萄园，葡萄种植行内施用100 m³/hm²秸秆与猪粪堆制的堆肥产物，仅仅过了18个月，表土中有机质含量就开始增加，导致表土形成了松散结构。土壤健康的改良，在葡萄酒中也有所反映，价格比以前更高，特别是内比奥罗葡萄效果更显著。

亨施克酒庄是另外一家在寒冷气候条件下的葡萄园，位于南澳大利亚伊顿谷产区，特别值得注意的是，神恩山地区干旱栽培的生长在混合花岗岩和砂砾母质发育的"复合土"上的西拉葡萄，历史超过150年，堆肥产物使用量为每3年100 m³/hm²，如图B5.5.1所示，堆肥通过分层堆放葡萄榨渣、牛粪肥、土壤和石灰等进行堆制。绿色废弃物对增加堆肥体积非常重要。每一料堆均保持通气良好并用稻草覆盖，以最低限度减少蒸发。经过6~8个星期的分解，堆肥中加入包含有微量元素和微生物的生物动力颗粒。将堆肥产物施入葡萄种植行，并用黑麦秸秆覆盖，结果使土壤松散、具有生物活性、富含有机物，如图B5.5.2所示。神恩山西拉葡萄酒目前被认为是澳大利亚最具代表性的葡萄酒，其不仅反映了酿酒师的高超技艺，也说明了该产区土壤的健康程度。

图B5.5.1　南澳大利亚伊顿谷亨施克酒庄正在进行堆肥

图B5.5.2　南澳大利亚伊顿谷亨施克酒庄神恩山地块的葡萄行间黑色松散土壤

（3）生物炭堆肥

生物炭是一种木炭，通过在有限氧气条件下，利用不同类型的原料，如木质废弃物、作物残留物、城市绿色废弃物、生物固形物或粪肥，加热到温度350～550℃而获得。主要共识是，由于生物炭的"顽固性"，因而其可以将碳封存在土壤中。这可能让土地管理者在任何旨在减少温室气体（GHG）排放的碳交易计划中，获得碳补助。然而，如果只是从另一个地方把有机物转移到本地，然后那个地点的碳含量就会减少，因此生物炭应用并没有真正使温室气体排放减少，如果原产地的有机物被当成废弃物并简单焚烧，此时的生物炭才是真正地减少温室气体排放。小贴士5.6讨论了葡萄园或果园中生物炭应用的优缺点。

小贴士5.6　在葡萄园土壤中使用生物炭需要考虑的几个问题

由欧洲戴丽娜生态与气候研究所（Delinat Institute）主持，在许多葡萄园中进行了生物炭的试验，该试验由德里纳特研究所赞助，试验中生物炭用量通常为10 t/hm²或更多。但是，他们并没有给出有关生物炭的类型、使用方法等明确的建议，这是因为大家认为由不同原料制成的生物炭差异很大，而且生物炭与不同土壤类型之间的相互作用也较复杂。由Schmidt（2012）汇总的相关发现如下。

● 生物炭的孔隙度很高，因此预期能增加土壤持水能力，特别是砂土的持水能力。

● 由于生物炭的离子交换能力（CEC）强，因此预期能增加营养离子的贮藏。在砂土上的效果要强于黏土。

● 生物炭可能刺激微生物活性。但是，简单的生物炭是一个相对惰性的碳源，需要与动物粪肥共堆肥加以活化。这一共堆肥过程不仅能给生物炭注入微生物，还可以使离子交换位点的离子"充电"，并减少材料中的C/N比。

● 生物炭对产量的效果并不一致，可能因为其较长的滞后效应，因为生物炭往往需要较长的时间才能在土壤中起作用。

尽管有这些研究结果，但是Hardie等（2014）在塔斯马尼亚在苹果园"复合土"（壤砂土的表土）上原位施用由绿色废弃物制成的生物炭，用量为47 t/hm²，施用30个月后结果表明，该生物炭对土壤的田间持水量、可利用水或水分释放都没有影响。矛盾的是，尽管土壤的总孔隙度下降了，但其接近饱和时的水分导度反而增加了。这一结果可能是由于蚯蚓的挖掘形成的>1.2 mm直径的大孔隙造成的，因为在这些生物炭处理的土壤中，蚯蚓数量更多。因此，生物炭对土壤孔隙的大小分布没有直接影响，只有一些间接影响，如增加了蚯蚓的数量。关于蚯蚓数量增加的问题，我们将在下一节进行讨论。

5.1.5　覆盖物与土壤健康

覆盖物是指在土壤表面施加的一些覆盖材料。堆肥覆盖常常是指将堆肥产物撒到葡萄行内进行覆盖。但是，当堆肥产物不作为覆盖物时，也可以在深松后施入土壤（Hansen，2011）。非堆肥覆盖材料还有秸秆、草屑、树皮屑、非活性生物炭，甚至碎纸，都可以作为葡萄种植行内的覆盖物。

覆盖物的最初目的就是抑制杂草和减少土壤蒸发。如图5.9所示，在行间

图5.9　塔斯马尼亚葡萄园秸秆覆盖物抑制葡萄种植行内杂草生长

种植活力强的覆盖作物，同时使用秸秆覆盖物抑制葡萄藤下面的杂草。覆盖物的另一效果是保持土壤表面凉爽，这对炎热地区非常重要，就像压平覆盖作物的效果一样（见前述"为什么覆盖作物对土壤健康有益"）。厚厚的覆盖物为许多昆虫提供了栖息地，它们中许多为益虫，如捕食成螨和跳虫。小贴士5.7讨论了覆盖物减少土壤水分蒸发的覆盖效果，该效果与覆盖物类型、土壤水分和温度、葡萄物候期有关。

小贴士5.7 覆盖物效果与覆盖物种类、葡萄物候期、温度等有关

覆盖物能减少土壤水分蒸发的原理是覆盖物中存在大量不能保持水分的空气空间，阻止了液态水从土壤向空气中扩散。因此，粗糙的树皮屑或秸秆覆盖，比起锯末制成的堆肥覆盖物，更能减少土壤水分蒸发。为了减少水分蒸发和抑制杂草，建议覆盖物厚度最少10 cm。但是，在灌溉葡萄园，位于滴头下的区域，水分通过覆盖物下渗的过程中，会有某种程度的蒸发，降低了灌溉效率。堆肥覆盖物较深的部位可能诱发厌氧环境，特别是在黏性土壤中。

在葡萄生长早期，葡萄冠层对地面的覆盖不超过10%时，覆盖物最为有效。此时的土壤水分蒸发能占到葡萄园每日蒸散（ET）的70%左右（见第三章"土壤含水量"）。但是，随着冠层发育，根据行距的不同，土壤水分蒸发量占总蒸散的比例最低能降至10%~20%。然而，在采用沟灌的葡萄园，因为土壤灌溉沟中表面的水流蒸发较大，土壤水分蒸发仍然可能占到总蒸散的40%。

覆盖物的另一效果是减小白天土壤的变化。覆盖物可阻止太阳辐射直接照到土壤表面，而且如果覆盖物颜色较浅，如秸秆，还会增加覆盖物表面的反射。Campbell和Shama（2008）报道，覆盖物的降温作用约为2℃（3.6℉）。较低的温度、潮湿的环境可以增加生物活性。例如，Buckerfield和Webster（2001）报道，澳大利亚巴罗萨谷葡萄园采用秸秆覆盖后，蚯蚓数量增加。另外，Hardie等（2014）发现，塔斯马尼亚苹果园中，采用绿色废弃物生物炭覆盖后，与未处理的土壤相比，蚯蚓数量也增加了（见小贴士5.6）。

根据覆盖材料的种类，表土中的土壤有机质（SOM）含量会随着覆盖物逐渐分解而增加。覆盖物与粪肥一起堆制后，氮、磷、钾含量更高，与只含有秸秆、树皮或绿色废弃物等材料的覆盖物但未添加粪肥的堆肥相比，分解得更快，表5.3比较了一些用作覆盖材料的养分含量。无论如何，覆盖层在种植行内保持完整的时间越长，其抑制杂草和减少土壤水分蒸发的效果就越好。

尽管许多葡萄园试验表明，堆肥覆盖可以增加葡萄生长与果实产量，但效果不尽相同，取决于本地气候、季节与土壤类型。如果采用粪肥堆制的覆盖物，部分作用是其提供更多养分造成的。一般来讲，在砂土上覆盖比在黏土上覆盖效果更好，在旱生葡萄园覆盖比在灌溉葡萄园覆盖效果更好。在砂土上的正效应比黏土更快，可能是由于土壤湿度的增加，砂土上的效应消失得也更快的缘故。而且，在冷凉气候地区，质地比较重的土壤，覆盖后土壤太潮湿，春季升温慢，造成发芽推迟，也增加了害虫防治的压力（Lanyon *et al.*, 2012）。

表5.3 覆盖物是否与粪肥联合堆制的物料养分含量变化（%干物质）

材料	N	P	K
落叶堆肥产物[a]	1.1	0.13	0.5
压榨后的葡萄榨渣	1.4	0.13	0.84
养猪废弃物	2.8	1.2	1.6
养鸡废弃物	5.3	1.9	2.5

注：a. 该材料与表5.2中的相同。

资料来源：White（2006）和Lanyon等（2011）。

5.2 葡萄园土壤管理的其他方面

直接与土壤健康相关的葡萄园土壤管理措施有土壤结构修复、土壤水分有效性调节、土壤养分供应与害虫控制。第三章介绍了土壤结构改善、土壤水分有效性调节和土壤养分供应3个动态土壤因子。本章前面部分介绍了葡萄移栽前提升土壤健康的措施。这里主要讨论已建成葡萄园的具体改良措施。

5.2.1　土壤结构的改良

应对土壤板结

覆盖作物特别是多年生禾本科类草地覆盖对土壤结构的益处，在"葡萄园覆盖作物"一节中进行了讨论。即使有覆盖作物，土壤结构还有一个主要问题是，由于轮式拖拉机在行间重复碾压造成的板结。在冬春季节雨水多的地区，土壤湿度最大、强度最低，板结更为严重。如图5.10所示，在葡萄园土壤最易被破坏的时候，由于机械操作太多，靠近葡萄行形成了车辙。长期使用中度盐水灌溉，在"复合土"的表土层也容易形成板结，因为土壤中的钠碱化度（ESP）增加（见后述"保持盐分平衡"）。

在法国波尔多一些密植的葡萄园，利用驮马拉的除草机在行间完成除草作业。理由是马蹄的压力小于轮胎的压力而且分布更加均匀。种植长势旺的覆盖作物，是避免板结的另一个措施，因为作物吸水增加了土壤强度（见第三章"土壤容重、孔隙度和强度"）。车辙造成的板结可以通过行间交替进行机械作业来缓解。小贴士5.8提供了一个研究案例，探讨了在对板结敏感的"复合土"葡萄园，采用这种措施的效果。

图5.10　葡萄园土壤强度低时车辙造成的板结

减少板结可以防止土壤渍水，特别是在蒸散较低时的冬春潮湿季节。如果拖拉机具有足够大的马力，通过行间深松就可以缓解车轮压实，不管使用哪种机械，其载重必须通过宽的轮胎或履带加以分散，从而降低板结压力。小贴士5.1中讨论了深松的最佳湿度范围，小贴士5.2讨论了底土呈碱性时，不适宜使用石膏进行调节。请注意深松会切断葡萄深入行间的根系，葡萄需要2~3年才能恢复。"Verti-drain"机械可用来进行较低强度的耕作，特别是防止车辙压实，效果很好[见土壤深层探测通气机（Deep Ground Probe Aerator）-www.gwazae.co.nz/home.htm]。

小贴士5.8 澳大利亚维多利亚州雅拉谷产区葡萄园少机械作业

在澳大利亚雅拉谷德保利酒庄一个种植黑比诺的（砧木为101-14）葡萄园的老地块，长期车辙碾压的行间与无车辙碾压的行间连续保持19年不变。该地区年降雨量约800 mm，行间长期种植混合品种的覆盖作物。尽管在无车辙碾压行间，像割草机等机械也必须通过非碾压行间，但是在非碾压行间，尽可能减少了碾压次数（平均每年7次与21次比较）。

为了测试这种措施在一个底土有潜在板结可能的"复合土"上的有效性，在12月降雨大约210 mm后，于1月中旬，进行了土壤强度的穿透计测量。如图B5.8.1所示为手持式穿透计，表B5.8.1给出了穿透计测量结果。

图B5.8.1 澳大利亚雅拉谷德保利酒庄使用手持式穿透计进行土壤强度测定

　　根据土壤含水量的不同，穿透计的阻力应该在2～3 MPa，以使根系容易穿透土壤和自由排水。如表B5.8.1所示，非碾压对表土有益。但是，当土壤深度>30 cm时，碾压和非碾压之间没有显著差异，可能是因为在这个深度，穿透计的数值变异度太大（LSD值较大）。

　　假定行间距为3 m，在行间的中央进行测定的数值代表自然土壤的强度，我们可以评估这个葡萄园经过19年的栽培，对该敏感土壤的压实效果。行间中央平均穿透阻力值，在12.5 cm、30 cm、75 cm深处分别为1.5 MPa、2.7 MPa、4.1 MPa，并显示少机械作业下产生的碾压对土壤强度没有影响：土壤深度在30 cm以上，土壤强度都在可接受的范围。这些结果与表B5.8.1中的结果比较，随着年份增加，该葡萄园所有深层的土壤强度都增加了。但是，表中结果也表明，采用这种少机械作业，对容易板结的土壤来说，是一项较好的措施。

表B5.8.1　德保利酒庄黑比诺葡萄园碾压和非碾压行间的穿透计电阻值

单位: MPa

测量位置为车辙部位[a]			
深度/cm	碾压行	非碾压行	LSD[b]值, $P=0.05$
第一组			
12.5	3.8	2.8*	0.44
30	6.0	5.6	1.02
75	6.9	7.0	1.56
第二组			
12.5	4.3	2.8*	0.64
30	5.8	6.1	1.13
75	6.6	6.1	1.10

　　注：a.车辙位于中间行的两侧；b.最小显著差。

　　*在0.05水平上差异显著。

5.2.2　土壤水分平衡、水分有效性与淋溶

（1）旱作种植葡萄园

旱作种植葡萄需要植物潜在可利用水（PAW）有足够的缓冲能力，特别

是在葡萄开花期和坐果期的生长关键时期，植物可利用水的量取决于土壤的有效水容量（AWC，mm水分/土壤深度m）和有效土壤深度（m），也取决于葡萄根系在行间能够获得水分的程度。由于土壤质地（见小贴士3.1）和结构很好，对根系生长没有障碍，旱作种植葡萄的根系随着时间推移会扎得更深。这些葡萄在干旱延长时抵抗力更强，与灌溉葡萄相比，冠层发育得更紧凑。这种措施对葡萄酒的影响将在第六章"土壤水分管理"一节中加以讨论。在澳大利亚，冷凉气候地区的一些葡萄园选择不进行灌溉（尽管建园时葡萄小苗要灌溉）。小贴士5.9介绍了澳大利亚维多利亚州吉普斯兰地区这样一个葡萄园，那里生产出了超级优质葡萄酒。

> ### 小贴士5.9　澳大利亚吉普斯兰产区贝斯菲利普葡萄园
>
> 贝斯菲利普葡萄园靠近大洋洲南部，拥有凉爽的风、肥沃的发育于玄武岩的土壤，年降雨量为1 000 mm（39 in.）。自1979年以来，这里葡萄园的园主兼酿酒师一直在进行不断的试验和改进。例如，中间行的清耕转变为自生覆盖作物栽培；旱作种植的黑比诺葡萄，种植密度达到每公顷8 500株。使用自制的堆肥产物和覆盖物，每年将葡萄枝条修剪8~10次。生物动力措施和制剂已逐步引入使用（见后面"葡萄栽培的生产模式"），每年喷洒两次灭生性除草剂（草甘膦），以控制葡萄行内杂草。作物负载量严格控制在每个结果枝200~250 g。酿酒师认为，温和的气候、对细节的密切关注以及与这些葡萄园管理措施的结合，使葡萄随着树龄的增长，根系扎得更深，充分体现了这个地方的风土条件。最终生产出在市场上受欢迎的超级优质黑比诺葡萄酒（Halliday，2013）。

（2）灌溉葡萄园

灌溉葡萄通常不会像干旱生长的葡萄那样扎根很深，因为种植者倾向于只控制土壤上部约50 cm的含水量（生长旺盛的砧木品种，如拉姆齐，可以在砂质土壤中扎根更深）。从土壤健康的角度来看，主要的因素是灌溉水量、如何灌溉、土壤水分平衡以及溶解盐和化学物质的组成及浓度。因此，灌溉葡萄园主要关注的问题是淋溶和土壤酸化、盐类和化合物的积累，及其对土壤结构的影响。

（3）淋溶和土壤酸化

在径流较小的地区，根区以下的年排水，可以通过降雨量加灌溉量减去实际蒸散量（ET）之间的差值来估计。这一差值是对土壤水分平衡的总体估算，但当葡萄藤蔓在冬春季节处于休眠状态或展叶早期时，该土壤水分很可能处于过剩状态。在此期间，最可能发生的是排水及与之相关的溶质（如硝酸盐NO_3^-）淋溶。冬季淋溶可能发生在旱作葡萄园，也可能发生在灌溉葡萄园，可以通过覆盖作物来缓和。然而，在灌溉葡萄园，采用滴灌或沟灌和漫灌时，淋溶也可以在夏季发生。沟灌和漫灌是效率最低的灌溉方法，因为为了确保水到达沟渠或沟渠的末端，在进水端必须使用比灌溉所需水分更多的水量（图5.11）。

虽然滴灌比沟灌或漫灌更有效，但在灌溉水的冲击下，一些营养物质仍然可以被淋溶。如尿素或尿素硝铵肥料水解和氧化形成的NO_3^-容易在根区以下淋溶。特别是当这些氮肥通过水肥一体化系统，在质地较轻的土壤中施用时，在滴管下面会形成一个锥形的湿漏斗，使淋溶更加严重。这种淋溶会导致土壤酸化（见第三章"氮的输入与损失"），而施用$Ca(NO_3)_2$或KNO_3，NO_3^-则不会发生淋溶。

图5.11　南澳大利亚墨累河谷葡萄园漫灌后形成的水湾

（4）维持盐平衡

当灌溉水量>100万~200万L/hm^2，EC>0.8 dS/m时，需要在根区下方进行排水以维持盐分平衡。对于自根葡萄，目标值是防止根区盐碱度上升到3.6 dS/m以上（大约是土壤EC的2倍）；耐盐砧木可以耐受较高的盐度（参见前述"排水、盐分和根系生长"）。当在生长季节实行调亏灌溉时，维持盐平衡会更成问题。小贴士5.10讨论了灌溉条件下根区盐分的管理。

除盐分对敏感植株的不利影响外，根区盐分增加的另一个后果是底土中钠碱化度（ESP）的逐渐增加。如交换性Mg^{2+}增加会破坏土壤团粒结构的稳定性（见第三章"交换性阳离子和团聚体稳定性"）。其结果是底土结构的恶化和随之而来的压实，从而抑制了根系生长，减缓了排水速度。

小贴士5.10　盐分平衡、淋溶条件和淋溶效率

对于灌溉葡萄园来说，雨水和肥料中的盐分增加，大约被转移到果实（加上修剪掉的枝条）中的盐分和不溶性化合物的沉淀所抵消。为了确保土壤中没有净盐分积累并保持盐平衡，需要条件如下：

$$灌溉水中的盐分=根区下方排水排掉的盐分 \quad (B5.10.1)$$

在上式中，可用EC作为盐浓度的替代指标，单位面积含水量可表示为水分深度d，单位为mm（见第三章"土壤含水量"）。则盐分的平衡可表示为：

$$EC_{iw}d_{iw}=EC_{dw}d_{dw} \quad (B5.10.2)$$

上式中，下标iw和dw分别指灌溉水和排水。从这个公式中，我们可以得到定义淋溶条件（LR）的d_{dw}/d_{iw}比值。单位面积上，LR定义为：为了达到盐分平衡而必须从根区以下排掉的水分占总用水的比例。

将公式B5.10.2重排，LR可计算为：

$$LR=EC_{iw}/EC_{dw} \quad (B5.10.3)$$

以电导率达到0.8 dS/m时的灌溉水量为例，如果EC_{dw}等同于根区EC临界浓度3.6 dS/m时，我们发现LR=0.8/3.6=0.22或者22%。

对于耐盐砧木上的葡萄，由于EC临界值较高，LR较小。相反，在LR相同的情况下，可以采用较高EC_{iw}的水。

上述计算结果表明，大约1/5（22%）的灌溉水应排在根区以下，以避免盐分的积累。一般来说，冬季降雨能够满足这种淋溶要求，但在干燥降雨少的冬季，需要用优质水（<0.5 dS/m）进行补充灌溉。

淋溶效率

公式B5.10.1的一个隐含假设是，输入的水在根区与土壤水完全混合（即淋溶效率为100%）。在实践中通常不是这样，因为一些输入的水绕过土壤团粒结构，因此并没有从团粒结构中溶出任何盐分。Biswas等（2008）的研究表明，滴灌条件下，0.3 m（12 in.）深度的土壤水分淋溶效率（LE）平均为65%，而冠层喷灌的土壤水分淋溶效率为93%。造成这种差异的原因是喷灌喷水的面积比滴头滴水的面积更大，因此土壤中残留水分和供应水分之间的混合效果更好。在0.6 m（24 in.）深度时，由于水移动到这个深度时更容易发生混合，所以滴灌条件下的LE平均上升到了79%。

降雨，特别是在蒸散（ET）较低的冬季，可以在不同程度上补偿低效淋溶，因此公式B5.10.3的计算式给出了盐平衡LR（15%～20%）的满意估算。同样，如果在冬季土壤湿润时，灌入保证盐分平衡所需的灌溉水，淋溶效率也会提高。可以采用吸盘式采样器（Suction cup samplers，如SoluSAMPLER™）对连续多个季节的根区排水取样，以检查根区盐度是否保持在葡萄品种/砧木生长的临界值以下。

（5）废水利用

在一些葡萄酒产区，优质水的供应是有限的，因为有来自其他用户的竞争或需要保持河流的"环境流量"（environmental flows）。因此，葡萄园也使用其他水源，如污水处理厂或酿酒厂废水的回收水。例如，在南澳大利亚麦克拉伦河谷和阿德莱德周边地区大量使用回收水。从土壤健康的观点来看，使用循环水的主要考虑因素是pH值和盐类的组成及浓度。对于从葡萄榨渣中分离出来的酿酒厂废水来说，有机物负荷（以生物需氧量BOD衡量）可能是一个问题。White（2015）（见小贴士5.5）讨论了酿酒厂废水在用于葡萄园或其他土地之前的处理方法。将优质水与再生水混合使用（"shandying"）是一种减少再生水对土壤健康影响的方法。表5.4列出了来自污水处理厂和酿酒厂废水的典型回收水分析指标。

表5.4 来自污水处理厂和酿酒厂的回收水组成

测量指标和单位	水的来源和水的成分指标			
	污水处理厂A[a]	污水处理厂B[b]	酿酒厂A[c]	酿酒厂B[b]
pH值	7.2 ~ 7.7	7.1 ~ 8.4	5.0 ~ 7.5	5.9 ~ 8.0
电导率/（dS/m）	1.2 ~ 1.5	0.9 ~ 1.6	1.5 ~ 3.0	1.3 ~ 1.6
生物需氧量/（mg/L）	2.2 ~ 5.6	n.a.	1 000 ~ 12 000	n.a.
总氮含量/（mg/L）	1.9 ~ 17.8	n.a.	25 ~ 50	n.a.
总磷含量/（mg/L）	5.9 ~ 8.0	2.7 ~ 12.8	5 ~ 20	5.3
镁/（mg/L）	20.4 ~ 26.8	n.a.	15 ~ 60	n.a.
钠/（mg/L）	130 ~ 210	172 ~ 285	40 ~ 150	173 ~ 238
钠吸附比/（SAR）（mmol/L）$^{1/2}$	4.2 ~ 6.2	5.8 ~ 8.3	0.5 ~ 5.0	6.5 ~ 7.4

注：n.a数据缺失。

资料来源：[a]Willunga Water；[b]Laurenson 等（2011）；[c]White（2015）。

5.2.3 控制养分供应

（1）切实可行的措施

在"移栽前"一节，我们讨论了改良土壤pH和补救营养缺乏的措施。基于维持营养平衡的基本原则，同样的措施也适用于已建成的葡萄园（即投入应该与产出和损失平衡）。如第四章"葡萄种植者有什么选择？"中所述，定期对土壤和植物进行测试，以检查土壤pH和养分平衡。小贴士5.11描述了位于新西兰马丁堡地区克拉吉酒庄的一个葡萄园的研究案例，该园对土壤健康和葡萄长势进行了长期监测。

小贴士5.11 新西兰马丁堡地区特穆纳葡萄园养分监测

特穆纳葡萄园位于胡安加鲁亚河的两个梯田上。上面的梯田有很多砾石和卵石（高达50%），因此能自由排水（图B5.11.1）。虽然较低的梯田也是砾石，但其土壤中有较大比例的细砂和粉砂。黑比诺主要种植在上面梯田，而长相思种植在下面梯田。冬季活跃的覆盖作物在中间行生长，绵羊在冬季放牧，夏天用少量除草剂来控制葡萄行内的杂草。年平均降雨量为775 mm（31 in.），以滴灌方式补充灌水1~2 ML/hm²。为了避免将养分限制在有限的土壤容积内，不使用肥灌，而是利用RPR、硫酸钾和NPK混合微量营养元素等进行土壤表面施肥。

图B5.11.1　新西兰马丁堡地区特穆纳葡萄园上部梯田的
砾石土壤剖面［标尺为10 cm（4 in.）］

根据土壤的差异，葡萄园被划分为不同的区域，每年对每个区域一个代表性小区的同一位置的表土，进行取样做完整的养分分析。图B5.11.2显示了小区1（上面梯田）和小区42（下面梯田）的土壤pH值变化趋势。这显示了长时间进行监测的优点。虽然每年都有变化，但土壤pH值稳定上升至7（土水比为1：2），这可能是由于RPR的石灰效应（见前述"土壤pH值和养分有效性"）。在这个pH值条件下，RPR变得越来越难溶解（pH值越高，RPR越难溶解），因此可以按比例缩小RPR的施用量。然而，RPR仍然适用于这些排水良好的砾石土壤，因为它将作为磷素储备库储备多年，这与种植者对葡萄园长期可持续性的追求相一致。

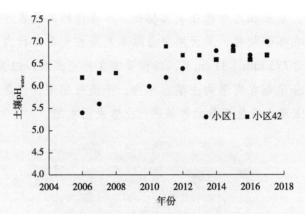

图B5.11.2 新西兰马丁堡地区特穆纳葡萄园小区1（上面梯田）和小区42（下面梯田）土壤pH$_{water}$随时间的变化趋势

（2）肥料和土壤调理剂的选择

商业肥料和土壤调理剂的范围，包括标明N、P、K、Ca和S等养分含量的产品，或含有或不含微量营养元素的产品，以及各种来源的有机产品。养分需求应根据土壤和植物分析测定值来估算。例如，氮对葡萄枝条生长非常重要，但氮过量会导致长势过旺，易诱发NO$_3^-$-N淋溶和土壤酸化。确定氮的需求应包括土壤中潜在的可矿化氮的估计值（表4.6）。

如果采用这种方法，用化学肥料来满足葡萄营养需求也可以接受。《对葡萄园种植土壤的理解和研究》（White，2015）一书的第三章给出了可用于葡萄栽培的大量和微量元素肥料及其混合肥料。血液和骨骼等有机材料（提供N和P）也可以作为缓释肥料。其他有机材料，如家禽和猪粪，以及堆肥（包括葡萄榨渣堆肥和蚯蚓堆肥）也是缓释的。与化学肥料相比，堆肥的养分含量通常较低，变化较大。

（3）生物肥料

除了粪肥和堆肥产物，还有几种被称为"生物肥料"的材料，其一般特性见表5.5。关于这些产品，需要注意以下几点。

● 海藻或鱼的提取物作为肥料并没有什么问题，但它们也没有什么神奇之处。这些肥料含有的大量元素浓度都较低，根据不同的产品，N范围为1% ~ 2.8%，P范围为0.4% ~ 0.6%，S为1%。鱼蛋白中K含量可达3.4%，海藻中K含量异常高，高达13%～16%。由于水的稀释，在葡萄园里的有效浓度，无论是叶面喷施还是通过滴灌施肥，都要低得多。例如，一般用水稀释的使用量为1～5 L/hm^{2}的液体产品，实际使用浓度为200～2 000 L/hm^2。因此，为了每公顷施用足够的N和P，必须反复施用。稀释的一个原因是海藻产品有非常高的pH值（10～11），如果使用未稀释的海藻产品作为叶面喷施剂，可能会造成叶片损伤。虽然使用低浓度的植物生长调节剂对葡萄可能有好处，但这些还没有得到科学证明。

表5.5 葡萄专用肥产品的一般营养特性

产品	来源及组成	使用效果^a
海藻或巨藻，固体或提取物	含碳水化合物、氨基酸、维生素、植物生长调节剂、微量元素的有机物质；除K外，大量元素含量低	促进生长，改善开花和结实；增强对霜冻、热胁迫、害虫和真菌病害的抵抗力
鱼蛋白	鱼类废物；N、P和微量元素含量低，K含量高	促进土壤微生物生长，促进养分循环，提高土壤保水能力
腐殖酸（HA）及腐殖酸盐（通常为腐殖酸钾）	从有机物质（植物、风化煤和褐煤）中提取；有机成分复杂	螯合微量养分，改善土壤结构，提高土壤CEC和P有效性，提高pH缓冲能力，提高土壤保水能力，降低含盐量；抑制有害细菌，刺激真菌生长
富里酸（FA）	从有机材料中提取（如HA）；有机成分复杂	螯合微量元素，使其更适合植物吸收；提高植物对养分的吸收
糖蜜	甘蔗加工副产物；糖含量高；含有纤维	促进土壤生物活性

注：a.使用效果汇总来自宣传刊物，并未经过必要的科学测试。

● 尽管"腐殖酸"和"富里酸"（HA和FA）是许多专有产品的常用添加剂，但并不存在HA或FA这样的化合物。它们是非均相混合物，首先由pH值为13的氢氧化钠处理有机物，然后再用pH值为1～2的强酸中和提取物而得到。腐殖酸由黑色不溶解的沉淀物组成，而黄腐酸是仍然保留在溶液中的提取物。初始提取时，非常高的pH值意味着这些产品是高度电离的（包含羧基和酚基，见第三章"土壤有机质"），因此它们具有CEC和螯合微量元素阳离子的能力。腐殖酸和富里酸可直接使用，也可与鱼蛋白或海藻肥混合使用。同样，建议叶面喷施或灌溉施肥时用水稀释，使其有效浓度远低于浓度为0.34%～12%的腐殖酸和浓度为0.01%～0.3%的黄腐酸产品。

与健康土壤中天然有机化合物的数量和种类相比，如此低浓度的腐殖酸和富里酸的影响是微不足道的。因此，葡萄种植者通过覆盖作物、堆肥产物和覆盖物来增加SOM，以刺激微生物种群的繁殖，更有可能实现表5.5中所述的各种效果。

（4）病虫害防治

表4.5列出了影响葡萄的一些常见的土传病害和有害生物。我们在"移栽前"一节内容中讨论了针对病虫害控制的土壤管理措施。

5.3　葡萄栽培的生产模式

Smart（2010）将葡萄园生产模式分为"传统"和"非传统"模式，后者包括"有机""生物动力""自然"和"可持续"模式。后来，Johnston（2013）全面回顾了可持续、有机和生物动力模式的研究进展、方法、结果和结论。在这里，我们简要讨论传统和非传统（主要是有机和生物动力）体系对土壤健康和葡萄生产的影响。

5.3.1　传统栽培模式

传统的葡萄栽培是最常见的栽培方式，但不同产区其栽培方式有很大的差异。虽然这个模式通常使用化学肥料和杀虫剂，但这并不意味着有机添加物，如堆肥产物、粪肥、覆盖物和覆盖作物等不被包括在内。堆肥产物和粪肥中的有机化合物必须经过微生物矿化才能释放植物可吸收的离子形式养分。合成肥料如磷酸二铵（DAP）、尿素硝铵（UAN）和硫酸钾（K_2SO_4）等则可以提供速效养分。微量元素肥可以化学螯合的形式施于土壤或喷施于叶片。如果能在目视诊断和土壤或植物测试的指导下施用这些肥料，以保持养分平衡，那么施用这些肥料是合理的。这样可以避免过量施肥可能导致的毒害、淋溶或土壤酸化（见前述"切实可行的措施"）。

随着人们越来越意识到葡萄栽培中土壤健康和环境管理的重要性（见第四章"酿酒葡萄可持续种植规程"），许多传统葡萄园的管理者已经改变了他们的管理方法。尽管在一些葡萄园中，仍然采用行间清耕措施来控制杂草（图

5.4），但许多葡萄园已改用行间覆盖作物（图5.7）。通常播种有助于防治病虫害的植物种类，例如，在新西兰霍克湾吉布利特砾石区的蒂阿瓦葡萄园，每隔10行播种一行荞麦（*Fagopyrum esculentum*）和苦荞麦（*Phacelia* spp.）的混合作物，以控制卷叶蛾幼虫。这些植物的花粉为捕食毛虫的食蚜蝇提供营养。有时覆盖作物延伸到葡萄种植行内来控制杂草，但在许多情况下仍然使用除草剂来控制葡萄种植行内的杂草。然而，种植者现在已经减少了这类除草剂的使用，特别是常用的草甘膦，原因见小贴士5.12。

小贴士5.12　是否应该使用草甘膦控制葡萄种植行内的杂草？

几十年来，草甘膦已成功地用于大田农业、园艺和葡萄栽培的杂草控制。由于它的成功使用，土地管理者通常没有将它与其他除草剂结合使用，因此导致许多杂草已经对草甘膦产生了抗药性。抗草甘膦作物品种的引进促进了这一发展。

尽管有人对草甘膦施用对人类健康产生的影响表示担忧，但2016年，世界卫生组织和联合国粮农组织（FAO）证实草甘膦不存在健康风险。2017年，欧盟决定允许草甘膦继续使用5年。2018年8月，《纽约时报》报道，美国环境保护署已宣布草甘膦为非致癌物。

人们还对长期使用草甘膦产生的土壤健康影响表示关切，研究了草甘膦单次或多次使用对土壤微生物群落组成及其活性的影响。结果并不一致，部分原因是试验用的土壤类型和使用的方法不同。取得的一些关于草甘膦的基本结论如下。

● 草甘膦通过其膦基被黏土和铁、铝氧化物强烈吸附，类似于磷酸盐（见第三章"铁、铝、锰氧化物与阴离子吸附"）。虽然吸附意味着草甘膦不太可能被淋溶到地下水中（砂土除外），但它可以被侵蚀的泥沙携带到地表水中，并可能对水生生物产生毒害。

● 草甘膦是一种含C、N、P的有机分子，是一种潜在的微生物分解底物。因此，施用草甘膦后通常会促进土壤呼吸，但在底物被消耗几天或几周后减弱。即使是被吸附的草甘膦也能被土壤微生物代谢。然而，随着草甘膦的重复使用和使用量的不同，微生物种群的组成可能会发生不利的变化。有益微生物的数量可能会减少，而根部致病真菌的数量可能会增加（Yamada *et al.*，2009）。

● 考虑到单独使用草甘膦容易导致抗药性杂草的出现，所以作为综合喷施方案，草甘膦最好与其他除草剂一起使用。同样，由于草甘膦对土壤微生物种群的影响并不确定，因此应仅以推荐的频率使用草甘膦，并且在任何季节都应限制草甘膦的用量。

5.3.2　有机栽培模式

（1）产品和实践

与葡萄的传统栽培一样，葡萄有机栽培也有很多不同形式。一般是担心合成化学物质和化肥可能会损害土壤健康与环境。因此这些化学物质和化学肥料被排除在有机栽培模式之外。葡萄园可以被一个国家或国际认证机构，如有机促进国际联盟（IFOAM），认证为"有机"葡萄园，并被要求严格遵守这些机构的规定。在澳大利亚，有机认证标准列出了允许的添加物和认证要求（*Australian Organic*，2017）。该标准涵盖了有机和生物动力生产。表5.6总结了这些生产模式中允许使用的产品。

由于认证机构内部的标准不一致和定义模糊，解释葡萄有机栽培规则很困难。例如，动物产品是被限制的，除非进行理想的完全堆肥处理。尿液堆肥是允许的，但尿素是不被允许的，即使它存在于在葡萄园放牧时绵羊排放的尿液中；尿素也不能用来添加于鱼蛋白产品中。只允许使用"天然"来源的腐殖酸和S，但"天然"一词没有明确的定义。虽然碳酸氢钾允许使用，但硫酸钾不允许使用，而含有硫酸盐的石膏是允许使用的。

欧洲的有机栽培方兴未艾，约5%的葡萄酒生产者已经获得了有机认证。在美国俄勒冈州和新西兰等较小的葡萄酒产区，有机认证比例也在不断上升。

采用有机和生物动力栽培模式的另一个原因（见后面的"生物动力葡萄栽培"）是相信这样的模式能够更好地表达一个产区的"风土"（Bourguignon和Gabbuci，2000）。

表5.6　澳大利亚有机认证标准2017v1附件I葡萄有机栽培允许使用的产品[a]

产品	营养元素供应	备注
动物产品（血、骨粉、蹄角、尿）	主要含N、P	理想的情况是使用前进行完全堆肥处理
玄武岩、花岗岩、长石	大量和微量营养元素	效果与颗粒大小有关
堆肥、堆肥茶	N、P、K、S、微量元素	必须用被认可的方法进行堆肥
鱼蛋白	N、P、K、S	不得含有合成防腐剂或尿素
石膏肥料	Ca、S	必须是矿物开采而来
腐殖酸盐	N、P、S和微量元素	通常是开采的天然产品
石灰石、白云石	Ca、Mg	必须是开采而来
粪肥	主要是N、P和微量元素	必须用被认可的方法进行堆肥
磷矿粉（活性P）	P、Ca	在pH_{Ca}值<5.5的土壤上使用效果最好
碳酸氢钾、硫酸钾	K、S	允许使用碳酸氢钾，禁止使用硫酸钾
海藻、海藻粉、海藻提取物	大量和微量元素	允许使用海藻粉；仅允许用NaOH或KOH萃取得到的提取物
硫黄	S	仅限天然来源，可以被用作杀菌剂

注：a.上述条例应通过咨询以决定哪种产品是"允许"、"限制"或"禁止"。

（2）有机栽培模式的效果

在有机栽培模式下对农作物进行的大田试验表明，土壤健康的几个指标都有所改善，如土壤有机碳、土壤微生物生物量、土壤呼吸速率、蚯蚓数量的增加以及容重（孔隙度增加）降低。如第三章"磷和硫的转化"一节中所述，在许多有机栽培的土壤中，较高的真菌与细菌比例可能在有机磷矿化方面具有优势。然而，与传统栽培模式相比，有机栽培模式的缺点是可收获产品的产量降低、杂草和病虫害控制问题增加。最近在德国盖森海姆葡萄园进行的试验证实了这些观察结果（Döring et al., 2015）。虽然Döring等（2015）的文章标题只提到了有机和生物动力栽培模式，但为了进行比较，文中包含了一种称为"综合模式"的传统管理模式。盖森海姆的试验进行了3年多，得出的结论是，葡萄栽培管理模式并没有改变葡萄果实品质。

此外，Johnston（2013）同时调查了位于南澳大利亚的麦克拉伦河谷、巴罗萨谷和阿德莱德山区的有机栽培模式和传统栽培模式葡萄园。在传统栽培模式葡萄园中，葡萄种植行内的杂草用除草剂控制，而在有机栽培模式葡萄园中，杂草要么被清耕，要么被修剪。只有在不受耕作干扰葡萄种植行内的土壤，有机栽培葡萄园的土壤呼吸才高于传统栽培葡萄园。Johnston（2013）在麦克拉伦河谷葡萄园进行了4年的试验，比较了非传统栽培模式和传统栽培模式，得到了类似的结果。

尽管在这项试验中（年降雨量约600 mm），葡萄栽培行内的杂草提高了土壤的生物活性，但它们与葡萄竞争水分和养分，从而降低了葡萄产量。由于覆盖作物生长在葡萄种植行内，会导致葡萄园水分供应有限，因此应该控制葡萄种植行内的杂草（见前述"葡萄园覆盖作物"）。

麦克拉伦河谷试验的一个重要结果是堆肥产物施用对土壤健康有积极影响，无论它是应用在葡萄有机栽培模式中还是传统栽培模式中。这与之前关于"葡萄园堆肥"的讨论和葡萄园堆肥产物使用研究案例的结果是一致的（见小贴士5.5）。在第六章中，我们将讨论这些生产模式对葡萄酒感官特性的影响效果。

5.3.3 生物动力栽培模式

（1）基本原则

生物动力栽培模式与有机栽培模式原则相同，即不使用合成化学物质或化学肥料，通过堆肥产物、有机肥和覆盖作物输入养分。另外，添加多达9种"特殊制剂"（500～508）。这些制剂被应用于土壤或添加到堆肥中或喷施到葡萄藤蔓上，主要是为了刺激土壤微生物、蚯蚓和葡萄藤的生理活性，也可以提高葡萄对病害的抵抗力。生产者根据月相或其他天象来决定喷洒的时间。

Reganold（1995）和Johnston（2013）等以及库伦酒庄（www.cullenwines.com.au）等网站，列出了生物动力制剂的成分、使用方法和效果。无论一种制剂是添加到堆肥中，还是喷洒到土壤或藤蔓上，其养分浓度及其用量都极低。例如，在一项评估生物动力栽培模式对土壤健康和梅洛葡萄酒质量影响的长期试验中，Reeve等（2005）使用了$4.5 \ g/hm^2$的501配制剂和$128 \ g/hm^2$的"桶装堆肥产物"（一种添加502～507配制剂的发酵混合物）。连续6年，500配制剂每年施用2次，用量为$95 \ g/hm^2$，501配制剂和桶装堆肥产物每年施用1次。最后，作者发现有机物供应的小区与接受相同有机物供应同时配施生物动力制剂的小区之间，在土壤物理、化学和生物特性方面没有持续性差异。仅在试验最后一年，施用生物动力制剂小区果实的糖度、总酚和总花青素含量显著升高。

（2）问题

在Reeve等（2005）的研究中提出了一个问题：生物动力制剂的何种特殊效应能够解释葡萄酒作家和从传统或有机栽培模式转向生物动力栽培模式的种植者提出的生物动力栽培的葡萄酒比非生物动力栽培的葡萄酒"更明亮、更鲜艳、味道更好"？

Reeve等（2010）在一项试验中试图回答这个问题，他们比较了添加和不添加生物动力制剂的堆肥对土壤生物活性的影响。在惰性培养基中，研究了不同堆肥提取物对小麦幼苗生长的影响。502～507生物动力制剂各5 g加入到10 t葡萄酒渣、牛粪和秸秆的混合物中，并进行堆肥处理200 d。结果表明，在添加生物动力制剂后的堆肥中，微生物活性指标如脱氢酶活性显著升高，但这种刺激不可能是生物动力制剂的直接作用，因为每种生物动力制剂的接种率只有0.000 05%（5 g制剂注入10 t堆肥物料）。在一年内，生物动力堆肥提取物显著促进了小麦幼苗的生长。Reeve等（2010）推测，对小麦幼苗生长的刺激作用是由生物动力制剂提取物或堆肥过程中产生的生长调节物质引起的。尽管这些试验在几年之间显示了不一致的结果，但它们为采用有机和生物动力栽培模式的种植者使用堆肥茶提供了理由。

（3）最终评论

从土壤健康的角度来看，Carpenter-Boggs等（2000）提出的关键信息（take-home massage）为：生物动力栽培模式的好处主要来自有机栽培措施和有机肥料的使用。采用生物动力栽培模式的葡萄园也必须遵循物质守恒定律，也就是说，要保持葡萄长期可持续生长，葡萄必须从允许的有机肥源（表5.6）和豆类覆盖作物中获得足够的营养输入，以平衡葡萄生长过程中带走和损失的各种营养。如果采用生物动力栽培模式的种植者不遵循这一准则，随着时间的推移，他们的葡萄很可能会衰退，葡萄酒的质量也会变差。

生物动力栽培模式葡萄园是劳动密集型葡萄园，因为需要喷洒许多生物动力制剂。种植者善于仔细观察，可能会带来更好的葡萄管理，从而获得比许多大型传统种植葡萄园更好的果实品质，进而有可能转化为更高质量的葡萄酒，这个话题将在第六章进行讨论。

5.4 总结

世界各地的葡萄酒生产模式被分为传统、有机、自然、可持续和生物动力等生产模式。这些模式中的任何一种都应以健全的管理措施为基础，以促进土壤健康。本章介绍了一系列葡萄园管理措施，包括葡萄移栽前和已建成葡萄园的管理措施。专注于减轻各种土壤障碍因子，如有效土壤深度浅、侵蚀度大、土壤结构不稳定、压实、盐度高、排水不良、pH值和养分供应以及病虫害。本章还综述了清耕和覆盖作物的优缺点，以及堆肥和覆盖物（包括生物炭）的优点。讨论了旱作栽培和灌溉栽培条件下的水分有效性。本章还介绍了在灌溉条件下维持盐平衡的措施，以及监测土壤肥力和通过化肥与有机调理剂提供土壤营养的规程。综述了有机肥和有机调理剂的适用范围。

栽培模式的选择取决于酿酒师能否在对环境影响最小的情况下实现他们的酿酒目标。有经验的葡萄种植者将根据土壤、季节性条件和市场预期，从任何一个或所有这些模式中选择他所需要的管理措施，形成最佳管理措施组合，而不是简单遵循有机或生物动力模式中既苛刻又有限制的教条规定。关于土壤健康，关键的方法是保持和增加土壤有机质，使其具有良好的土壤条件（特别是生物成分），从而保证葡萄健康生长，获得优良的果实品质。

参考文献

AUSTRALIAN ORGANIC, 2017. *Australian Certified Organic Standard*. Australian Organic, Brisbane, <www. austorganic. com/wp-content/uploads/2017/08/ ACOS_2017_V1. pdf>.

BISWAS T K, SCHRALE G, STIRZAKER R, 2008. New tools and methodologies for *in situ* monitoring of root zone salinity and leaching efficiency under drip and sprinkler irrigation. In *Proceedings of the 5th International Symposium on Irrigation and Horticultural Crops*. (Eds I Goodwin and MG O'Connell) pp. 115-122. Book series *Acta Horticulturae vol*. 792, International Society of Horticultural Science, Leuven, Belgium.

BOURGUIGNON C, GABBUCI L, 2000. Comparisons of chemical analysis and biological activity of soils cultivated by organic and biodynamic methods. In *IFOAM 2000. The World Grows Organic. Proceedings of the 6th International Congress on Organic Viticulture*. (Eds H Willer and U Meier) pp. 92-99. Stifung Okologie and Landbau, Bad Durkheim, Germany.

BUCKERFIELD J, WEBSTER K, 2001. Managing earthworms in vineyards.

Improve incorporation of lime and gypsum. *Australian Grapegrower and Winemaker Annual Technical Issue* 449a，55-61.

CAMPBELL A，SHARMA G，2008. Composted mulch for sustainable and productive viticulture. *The Australian & New Zealand Grapegrower & Winemaker* 530，22-25.

CARPENTER-BOGGS L，KENNEDY A C，REGANOLD J P，2000. Organic and biodynamic management: effects on soil biology. *Soil Science Society of America Journal* 64，1 651-1 659. doi: 10. 2136/sssaj2000. 6451651x

CASS A，ROBERTS D，BOBBITT M，2003. Wing ripping-deep tillage of soil for production of optimum wine quality and environmental sustainability. *Australian and New Zealand Grapegrower and Winemaker Annual Technical Issue* 451，51-59.

COLLINS C，PENFOLD C，2014. Cover crops and vineyard floor temperature. *The Australian & New Zealand Grapegrower & Winemaker* 606，38-40.

DÖRING J，FRISCH M，TITTMANN S，*et al.*，2015. Growth，yield and fruit quality of grapevines under organic and biodynamic management. *PLoS One* 10，e0138445. doi: 10. 1371/journal. pone. 0138445

EDWARDS J，2014. 'Setting benchmarks and recommendations for management of soil health in Australian viticulture'. Final report to the Australian Grape and Wine Authority，DPI 1101. Department of Environment and Primary Industries，Victoria，<www. wineaustralia. com/getmedia/b354820d-03e4-4732-8513-b8e577e060c5/ Final-Report-DPI-1101>.

ELMORE C L，DONALDSON D R，SMITH R J，1998. Weed management. In *Cover Cropping in Vineyards: a Grower's Handbook*. (Eds CA Ingels，RL Bugg，GT McGourty and LP Christensen) pp. 107-112. Publication 3338. University of California，Division of Agriculture and Natural Resources，Oakland CA，USA.

HALLIDAY J，2013. 'Wine of the year. Bass Phillip Reserve pinot noir'. *The Weekend Australian* 25-26 July 2013.

HANSEN D，2011. Mulching，soil amendments and management in a commercial vineyard. In *Below Ground Management for Quality and Productivity*. Australian Society of Viticulture and Oenology/Phylloxera and Grape Industry Board of South Australia Seminar，28-29 July 2011，Mildura (Ed. PR Petrie) pp. 74-76. Australian Society of Viticulture and Oenology，Adelaide.

HARDIE M，CLOTHIER B，BOUND S，*et al.*，2014. Does biochar influence soil physical properties and soil water availability? *Plant and Soil* 376，347-361. doi: 10. 1007/s11104-013-1980-x

INGELS C A，BUGG R L，THOMAS F L，1998. Cover crop species and descriptions. In *Cover Cropping in Vineyards: a Grower's Handbook*. (Eds CA Ingels，RL Bugg，GT McGourty and LP Christensen) pp. 9-26. Publication 3338. University of California，Division of Agriculture and Natural Resources，Oakland CA，USA.

JOHNSTON L, 2013. Sustainable, Organic and Biodynamic Viticulture. Research to Practice. Australian Wine Research Institute, Glen Osmond, South Australia.

LANYON D M, MCCARTHY M G, ANDREWS S, et al., 2011. Mulching for a soil type. In *Below Ground Management for Quality and Productivity*. Australian Society of Viticulture and Oenology/Phylloxera and Grape Industry Board of South Australia Seminar, 28-29 July 2011, Mildura (Ed. PR Petrie) pp. 77-80. Australian Society of Viticulture and Oenology, Adelaide.

LAURENSON S, BOLAN N, SMITH E, et al., 2011. Opportunities for using alternative water sources around Adelaide and implications for vineyard soils-in relation to salinity and cation dynamics. In *Below Ground Management for Quality and Productivity*. Australian Society of Viticulture and Oenology/Phylloxera and Grape Industry Board of South Australia Seminar, 28-29 July 2011, Mildura (Ed. PR Petrie), pp. 16-19. Australian Society of Viticulture and Oenology, Adelaide.

MCGOURTY G, 2017. 'Frost, cover crops and ice nucleating bacteria'. Coffee Shop blog (Lodi Grower e-news). January-February 2017. Lodi Winegrape Commission, Lodi CA, USA.

MCGOURTY G T, CHRISTENSEN LP, 1998. Cover cropping systems and their management. In *Cover Cropping in Vineyards: a Grower's Handbook*. (Eds CA Ingels, RL Bugg, GT McGourty and LP Christensen) pp. 43-57. Publication 3338. University of California, Division of Agriculture and Natural Resources, Oakland CA, USA.

MCGOURTY G T, REGANOLD J P, 2005. Managing vineyard organic matter with cover crops. In *Soil Environment and Mineral Nutrition*. (Eds LP Christensen and DR Smart) pp. 145-151, American Society of Enology and Viticulture, Davis CA, USA.

MORLAT R, CHAUSSOD R, 2008. Long-term additions of organic amendments in a Loire Valley vineyard. I. Effects on properties of a calcareous sandy soil. *American Journal of Enology and Viticulture* 59, 353-363.

MORLAT R, JACQUET A, 2003. Grapevine root system and soil characteristics in a vineyard maintained long-term with or without interrow sward. *American Journal of Enology and Viticulture* 54, 1-7.

PENFOLD C, COLLINS C, 2012a. 'Cover crops and plant-parasitic nematodes'. Grape and Wine Research and Development Corporation Fact Sheet, Australian Government, Canberra.

PENFOLD C, COLLINS C, 2012b. 'Native cover crops in viticulture'. Grape and Wine Research and Development Corporation Fact Sheet, Australian Government, Canberra.

PROBST B, SCHÜLER C, JOERGENSEN R G, 2008. Vineyard soils under organic and conventional management-microbial biomass and activity indices and their relation to soil chemical properties. *Biology and Fertility of Soils* 44, 443-450. doi: 10. 1007/s00374-007-0225-7

REEVE J R, CARPENTER-BOGGS L, REGANOLD J P, *et al.*, 2005. Soil and winegrape quality in biodynamically and organically managed vineyards. *American Journal of Enology and Viticulture* 56, 367-376.

REEVE J R, CARPENTER-BOGGS L, REGANOLD J P, *et al.*, 2010. Influence of biodynamic preparations on compost development and resultant compost extracts on wheat seedling growth. *Bioresource Technology* 101, 5 658-5 666. doi: 10. 1016/j. biortech. 2010. 01. 144

REGANOLD J P, 1995. Soil quality and profitability of biodynamic and conventional farming systems. *American Journal of Alternative Agriculture* 10, 36-44. doi: 10. 1017/S088918930000610X

SCHMIDT H P, 2012. Biochar in viticulture. *Wine & Viticulture Journal* 27（2）, 48-50.

SMART R, 2010. In defence of conventional viticulture. *Wine Industry Journal* 25 （5）, 10-12.

THOMSON L, PENFOLD C, 2012. 'Cover crops and biodiversity'. Grape and Wine Research and Development Corporation Fact Sheet. Australian Government, Canberra.

WALDIN M, 2016. *Biodynamic Wine*. Infinite Ideas Ltd, Oxford, UK.

WHITE R E, 2003. *Soils for Fine Wines*. Oxford University Press, New York, USA.

WHITE R E, 2006. *Principles and Practice of Soil Science*. 4th edn. Blackwell Publishing, Oxford, UK.

WHITE R E, 2015. *Understanding Vineyard Soils*. 2nd edn. Oxford University Press, New York, USA.

WHITELAW-WECKERT MA, RAHMAN L, HUTTON RJ, *et al.*, 2007. Permanent swards increase soil microbial counts in two Australian vineyards. *Applied Soil Ecology* 36, 224-232. doi: 10. 1016/j. apsoil. 2007. 03. 003

YAMADA T, KREMER R J, DE CAMARGO E CASTRO PR, *et al.*, 2009. Glyphosate interactions with physiology, nutrition and diseases of plants: threat to agricultural sustainability? *European Journal of Agronomy* 31, 111-113. doi: 10. 1016/ j. eja. 2009. 07. 004

扩展阅读

BUCKERFIELD J, WEBSTER K, 1999. Compost mulch for vineyards. *Australian Grapegrower and Winemaker Annual Technical Issue* 426a, 112-118.

BUGG R L, VAN HORN M, 1998. Ecological soil management and soil fauna. In *Viticultural Best Practice*.（Eds R Hamilton, L Tassie and P Hayes）pp. 23-34, Australian Society of Viticulture and Oenology, Adelaide.

CASS A, MASCHMEDT D, MYBURGH P, 1998. Soil structure-are there best practices? In *Viticultural Best Practice*.（Eds R Hamilton, L Tassie and P Hayes） pp. 40-46, Australian Society of Viticulture and Oenology, Adelaide.

MADER P, FLIEBBACH A, DUBOIS D, *et al.*, 2002. Soil fertility and biodiversity in organic farming. *Science* 296, 1 694-1 697. doi: 10. 1126/science. 1071148

MCCARTHY M, LANYON D, PENFOLD C, *et al.*, 2010. 'Soil management for yield and quality'. Final report SAR 04/02. South Australian Research and Development Institute, Adelaide.

SMART R, ROBINSON M, 1991. *Sunlight into Wine. A Handbook for Winegrape Canopy Management.* Winetitles, Adelaide.

第六章

土壤和环境对葡萄生长、果实和葡萄酒特性的影响

到目前为止，本书已重点定义和解释了土壤健康的关键要素（见第二章和第三章），以及如何对其进行评估（见第四章）和如何对葡萄园土壤进行管理（见第五章）。本章旨在讨论土壤和环境因素对葡萄生长、果实成分以及最终葡萄酒质量的影响。在使用术语"质量"时，我们关注葡萄和葡萄酒的内在（即非主观）成分属性，对于给定品种的内在成分属性，主要取决于葡萄的表型。

葡萄的表型或生长特征是基因型和葡萄生长环境因子相互作用的结果（G×E）。基因型效应是通过葡萄品种（如欧洲葡萄）和种内不同类型葡萄表现出来的，这些不同类型的葡萄称为变种或栽培种。无性系和砧木也会影响葡萄的表型性状。这些性状包括葡萄的生长或长势、芽的结实特性、叶形、果穗形状、果实的大小和次生代谢物，如糖、有机酸、酚类物质、风味和芳香化合物的积累模式。环境效应包括气候影响（从产区宏观到中观和微观气候），生长季内天气，以及土壤物理、化学和生物因子及其土壤管理措施的影响。

这些基因型与环境因子的相互作用（G×E）非常重要，它通过栽培地点选择、品种选择、营养生长与生殖生长的平衡、水和矿质营养吸收以及土壤—植物—微生物种群关系的影响，决定了葡萄的表型。

6.1 基因型与环境相互作用

6.1.1 葡萄遗传学：品种、变种、无性系和砧木

葡萄叶片化石表明，葡萄的祖先最早出现在距今1.81亿年前的侏罗纪时期。欧洲葡萄（*Vitis vinifera*）是自然进化和人类驯化的产物。尽管葡萄与文明的崛起有着悠久的历史联系，但与小麦等其他农作物相比，葡萄几乎没有什么变化，这主要是因为大多数葡萄都是无性繁殖的。

葡萄的种植和驯化大约开始于公元前7000—公元前4000年的黑海和伊朗之间，即现在的格鲁吉亚、亚美尼亚和阿塞拜疆。随后欧洲葡萄（*V. vinifera*）的栽培类型从这个地区传播到近东、中东和中欧等二级驯化中心。虽然欧洲葡萄是最常见的酿酒品种，但其他品种如圆叶葡萄（*Muscadinia rotundifolia*）、美洲葡萄（*V. labrusca*）、河岸葡萄（*V. riparia*）、沙地葡萄（*V. rupestris*）、冬葡萄（*V. berlandieri*）和甜冬葡萄（*V. champani*）在世界上一些地区也用于葡萄酒生产或基于它们对葡萄根瘤蚜的抗性而作为砧木。

欧洲葡萄虽然已经命名了1万～2.4万个变种，但可能只有大约5 000种是真正不同的变种（Truel *et al.*，1980），并且其中只有一小部分进行了商业化种植。人们对非欧洲葡萄砧木的兴趣在19世纪后半叶开始增长，因为当时根瘤蚜偶然被传入欧洲，而这些非欧洲葡萄砧木对根瘤蚜具有抗性。随后，因为这些砧木不仅对根瘤蚜有抗性，还对其他生物和非生物胁迫具有耐受性，如线虫、土壤盐度、酸度、石灰、干旱和长势控制，生产中欧洲葡萄一般都嫁接到这些葡萄砧木品种上，如表6.1所示。

无性系与同一变种内的其他葡萄植株不同，它由单个葡萄植株无性繁殖发育而成。无性系有可能通过自然选择进化而来，也有可能通过人工选育，并且在受控环境中培育而成，以获得其有利的表型特征。通过插条、嫁接等无性繁殖后的一组葡萄无性系遗传上完全一致，最初均来自同一个体。

生产优质葡萄酒的首要步骤是葡萄种植品种的选择和建园。选择用于种植的品种或无性系受到多方面因素的影响。最重要的是，该品种需要适应当地气候，并可以不断地为优质葡萄酒生产提供成熟葡萄果实。此外，应根据历史经验和土壤地质因素来评估其在潜在种植地点的可能表现，如后所述。移栽前还应评估市场对品种和葡萄酒风格的需求。

表6.1　广泛使用的砧木的一些特性

砧木品种	相对长势	根结线虫抗性	石灰耐受性	耐盐性	耐旱性	耐酸性
101-14	低	高	中	中抗	敏感	差
施瓦兹曼	低-中	高	中	中抗	敏感	差
3309C	低	低	中	敏感	敏感	差
SO4	中	中-高	高	中感	中感	差
5C	中	中	高	中感	中感	差
5BB	中-高	高	高	中感	中感	差
420A	低	中	高	敏感	敏感	差
110R	中	高	高	中感	抗性	中
1103P	中-高	中-高	高	中抗	抗性	中
99R	中-高	中-高	高	中抗	抗性	差
140Ru	中-高	高	高	中抗	高抗	高
拉姆齐	高	高	中	敏感	中感	差

注：上述所有砧木品种都具有抗根瘤蚜特性，中抗：中等抗性；中感：中等敏感。

资料来源：Nicholas，1997。

6.1.2　气候影响

气候是影响葡萄生长、发育和葡萄酒最终质量的一个主要环境因素，关于这一主题已有很多描述，这里我们简要地做一些总结。

①纵观历史，科学家和葡萄种植者试图对气候进行分类。葡萄栽培气候的比较和分析包括3个层次：宏观、中观和微观气候。宏观气候用于描述一个地区的整体气候，通常是一个大的地理区域或一个葡萄酒产区的整体代表性气候。中观气候描述一个区域内在局部地形地貌影响下的气候特征，影响因素如坡度和坡向、空气流泄以及靠近海岸或内陆水体等。微观气候用于描述葡萄冠层内部和周围的微气候条件，特别是在葡萄果穗区域的微气候条件。

②温度是影响酿酒葡萄生长和成熟的关键气候因子。生长在世界各地的葡萄，其生长季节的平均温度为13~21℃（55~70℉）。描述比较宏观和中观气候最常见的方法之一是使用温度来计算积温进行表征。这些指数是随着时间的推移而累加的，通常计算葡萄树生长周期内的6~7个月，在南半球，是从10月到翌年4月，在北半球是从4月到10月（Jones *et al.*，2009）。积温指数有多种计算方法，包括温克勒指数的生长度日（GDD）、不同形式的光热指数

（休林指数，Huglin Index）、气候质量指数、纬度温度指数、1月/7月平均温度（MJT）和平均生长季温度（GST）。这些指数都可以表征一个地区对特定栽培品种的适宜性。Matthews（2016）对简单利用这些指数解释葡萄对气候因子的响应进行了评论。

　　③不同品种之间的生理和形态差异使得酿酒葡萄能够在相对较大的气候范围内种植。如图6.1所示，对于每一个品种，都大致确定了一个理想的、可

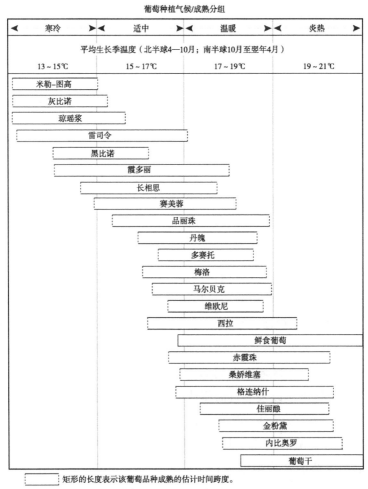

图6.1　葡萄品种气候/成熟期分组是基于生长季积温指数的气候/成熟度分组。横条表示每个品种在世界葡萄酒产区成熟和生产高品质葡萄酒的温度范围。条形末尾的虚线表示随可用数据增加，可能会进行一些调整

［资料来源：Jones 等（2012）］

生产出优质葡萄酒的气候范围。每一个葡萄品种都生长在一定的温度范围内，即对一些品种来说，温度范围较大，而对另一些品种来说，温度范围可能较小，如与雷司令相比，黑比诺的适宜温度范围相对较小。

④ 重要的是，不仅要考虑当前的气候限制，还要考虑气候的长期变化，主要是平均生长季温度（GST）的增加，以及它们对一个地区葡萄酒产业可持续性的可能影响。世界上一些主要的酿酒葡萄栽培区都位于相对狭窄的地理和气候范围内，因此，如果平均温度持续上升，适宜温度范围较窄的品种可能就不能继续在这些地区较好生长。葡萄种植者可以选择通过迁移到高纬度或高海拔地区来缓解较高GST的影响，或者种植已知具有耐受较高温度的品种。然而，在较高GST的地区，可能有较高的蒸散率，再加上降雨量及其时间分布的可能变化，有可能导致葡萄种植的水资源短缺。第七章将进一步讨论气候变化以及气候变化后葡萄栽培的适应性问题。我们将在后面的"土壤水分管理"中讨论与葡萄酒质量相关的水分管理。

6.1.3　气候 × 地点 × 基因型相互作用对葡萄品质改善至关重要

葡萄树势平衡

对于某一变种和无性系的自根苗或嫁接苗，气候和土壤的相互作用决定了一个地点葡萄树的潜在长势。葡萄园的潜在长势大致可分为"高""中""低"3种。

不管这个地方的潜力如何，葡萄栽培者都努力寻求一个"平衡"的树冠：即葡萄叶面积和葡萄产量之间的平衡。叶片进行光合作用是葡萄碳水化合物的重要来源。这些碳水化合物用于新叶和新梢生长并被转运到果穗和果实。如果新梢的叶面积不够大，新梢叶片会努力生产足够的碳水化合物来促进葡萄的发育。如果叶片面积太大，新梢就会为下一季的生长形成潜伏芽。葡萄当季的产量也可能受到葡萄果实不能正常成熟的影响。

许多研究者已经用一些指数描述了葡萄树势平衡（Matthews，2016，对这些指数进行了总结）。表6.2给出了这些指数定义的不同长势程度的参考值。叶面积和果实的比例范围取决于品种和气候，如果葡萄新梢的叶面积与葡萄果实鲜重的比例适中，则被认为树势平衡良好。多年来，许多葡萄栽培者和研究者采用了拉瓦兹提出的葡萄平衡的概念（Ravaz，1902）。然而，Matthews（2016）对这种说法及其生理学理论基础提出了质疑，读者可以参考其中的详细讨论。小贴士6.1讨论了从宏观到微观气候因素背景下葡萄树势平衡概念的含义。

表6.2　葡萄树势平衡评估的常用指标

长势指标	葡萄树长势		
	低	中	高
平均枝条重量/g	<10	20 ~ 40	>60
拉瓦兹指数——产量与新生枝修剪量之比 /（kg/kg）（修剪后的枝条）	>12	5 ~ 10	<3
叶面积与果实鲜重之比 /（m²/kg）	<0.3	0.5 ~ 1.5	>1.7

注：假定叶面积和修剪重量高度相关。

资料来源：Smart和Robinson（1991）。

小贴士6.1　葡萄树势平衡对葡萄果实和葡萄酒质量的影响

当葡萄树势较低时（例如，产量与修剪量之比>12或叶面积与果实鲜重之比<0.3），葡萄树难以产生足够的碳水化合物（糖）来使当季果实成熟。在某些情况和季节下，可能达不到酿造优质葡萄酒的最低或理想的含糖量（白利度或波美度，Bris or Baume level）。在红葡萄品种中，主要的次生代谢物如花青素可能不会积累到所需要的水平，导致葡萄酒缺乏良好的颜色深度。在炎热的环境中，例如，南澳大利亚的里弗兰和加利福尼亚的中央河谷，红葡萄酒的质量与葡萄酒的颜色深度有关，并且这些地区红葡萄的价格可能与花青素的含量（mg/g鲜重）有关。长势差的葡萄树，叶片覆盖不够，随着入射辐射的增加，果穗温度也增加。果穗温度超过空气温度的程度取决于日光暴露程度、辐射强度、风速、果穗大小、果实颜色和果穗紧密度。在低风速下，裸露的深色果实可能比环境气温高15℃（59℉）。叶片很容易吸收太阳辐射，即使只有一层叶子也可以提供很好的保护。

相反，葡萄产量与修剪量之比<3，叶面积与果实鲜重之比>1.7时，葡萄树的长势过旺，这种情况被认为是树势"不平衡"。冠层内部的果实通常被严重遮挡，容易受到高湿度影响和真菌侵染。此外，这种果实中的钾含量较高（Mpelasoka *et al.*，2003），这会影响葡萄酒最终的酸度，因为在酿酒过程中，钾会与酒石酸反应，生成酒石酸氢钾晶体，进而会影响葡萄酒的pH值和可滴定酸度，这两者都是决定葡萄酒最终质量的重要因素。

　　葡萄果实的成分和葡萄酒的质量受正在发育的果穗周围光照环境的影响。许多传统的叶幕管理技术起源于欧洲葡萄栽培（如摘叶和新梢绑缚），在欧洲，不进行这些叶幕管理操作时，叶幕内的自然温度和光照对于果实颜色、风味和芳香化合物的形成并不理想。然而，在从温暖到炎热转变的地区，采用这些叶幕管理技术，可能会导致果实过多地暴露在阳光下。即使在温和的气温下，果实没有表现出任何物理症状，完全日光暴露的果穗也可能受到"化学损伤"。果实的物理损伤，例如，日灼会导致白色品种的果实呈褐色–金黄色，在最终酿制出的葡萄酒中含有更多的苦味酚类物质。如图B6.1.1所示为霞多丽葡萄果穗过度日光暴露的例子。在红色品种中，日灼也会使果实中棕色色素增多、花青素减少，并呈现"烩水果"或"果酱"的特征，使果实失去令人满意的、典型的品种特征。此外，日灼引起的果皮损伤可能会导致继发性果腐病真菌侵染。

图B6.1.1　美国加州纳帕谷葡萄园中过度暴露的霞多丽葡萄果实

（资料来源：White，2003．牛津大学出版社）

葡萄会对生长环境做出反应。尽管葡萄管理措施在树势平衡中发挥作用，但更重要的是栽培地点的固有生长潜力（土壤和气候）和植物基因型（品种/无性系和砧木）等。与土壤土层较浅或质地较轻、持水能力较差的葡萄园相比，土层深厚、土壤肥沃、持水能力较好的葡萄园，葡萄树长势更好，产量更高。根据葡萄产地潜力和葡萄酒风格的目标，需要确定株距、架式、修剪、叶幕管理和产量目标，从而使葡萄树达到冠层和果实生长的平衡。

理想环境中的葡萄应该能够建立自己的"自然"平衡，而无需过多的管理措施干预。因此，选择具有合适的土壤×气候组合的葡萄产地和合适的品种对于生产高质量的葡萄果实，进而酿造优质葡萄酒至关重要。在许多情况下，一个葡萄园需要几年的时间，树势和产量才能稳定下来，并在它们之间建立一个"自然"的平衡。

6.1.4　其他环境因子——土壤物理条件

影响葡萄果实和葡萄酒质量的重要土壤物理因子包括：土壤结构、植物可利用水分和土壤供水速率。这些因子通过有效水容量（AWC）、植物潜在可利用水（PAW）和土壤孔隙大小分布（水通过土壤孔隙传递到植株根部）等概念相互关联。AWC是单位土壤深度的水的体积，介于田间持水量和永久萎蔫点之间。因此，PAW考虑了土壤深度的影响，因为它是AWC和有效土壤深度（m）一起影响的结果。这些因子在第三章"土壤含水量及其有效性"中已进行了讨论。与土壤结构相关联的还有土壤排水，排水应该足够良好，以避免任何积水。

土壤温度会影响葡萄的生长速度和果实的成熟，从而影响果实收获时的品质。根系生长的最佳土壤温度为20～28℃（68～82℉）（Mahmud，2016）。对于给定的地点和土壤表面条件（如颜色和土壤裸露或覆盖物），土壤温度主要取决于土壤水分，因为水分含量越高，春天土壤变暖越慢。接下来主要讨论土壤水分的作用。

（1）土壤水分管理

土壤水分供应直接影响葡萄长势和平衡，进而影响葡萄冠层发育、光、温度和湿度等冠层微气候特性、葡萄产量和果实组成成分。这样，土壤水分在供应变化时也影响与葡萄长势强弱相关的表型和生理条件，这些已经在"葡萄树势平衡"中进行了讨论。对于一些旱作栽培模式下的葡萄园（如法国的AOC系统），土壤供水取决于气候与土壤的相互作用。对于灌溉葡萄园来说，除了可以通过灌溉管理来控制土壤供水之外，土壤供水同样依赖于气候与土壤的相互作用。

　　法国研究人员，尤其是波尔多葡萄酒学院的研究人员，研究了气候与土壤的相互作用及其对葡萄产量、葡萄果实成分等潜在品质和葡萄酒质量的影响。例如，van Leeuwen等（2009）通过研究波尔多1974—2005年间32个年份的气候与土壤相互作用对葡萄及葡萄酒质量的影响发现，葡萄水分胁迫指数（通过水平衡模型计算）和葡萄酒质量等级之间存在相关性。认为波尔多红酒的质量与干燥度间的相关性显著高于其与生长度日（GDD）间的相关性。在这些年份中，没有一个年份的红酒质量因为水分过少而受到影响。不同年份波尔多葡萄酒的质量等级与平均生长季温度（GST）没有很好的相关性。

　　在波尔多的上述发现是基于在梅多克和圣埃美隆产区对干旱生长的葡萄进行研究得到的结果。然而，由于其他许多国家已调整了灌溉措施，因此回顾van Leeuwen和de Rességuier（2018）总结的一些主要结论是具有指导意义的。

- 定期但限量供水对生产优质红葡萄酒很重要。
- 限量供水限制了副梢和果实的生长，尤其是水分缺乏出现在果实转色期以前。
- 水分亏缺降低了果实中苹果酸的浓度和总酸度，这可能是由于葡萄长势下降、果穗暴露于太阳辐射的程度更高造成果实平均温度升高的缘故。
- 葡萄含糖量在轻度水分亏缺下会增加，但严重的亏缺会抑制光合作用，从而降低糖的积累。
- 缺水可能会增加红葡萄果皮酚类物质，尤其是花青素，但这与缺水发生的时期有关。
- 水分亏缺对白葡萄酒质量的影响不大，严重亏缺会对挥发性硫醇浓度产生不利影响，并降低葡萄酒质量。

　　上面提到了限量供水，轻度、中度或重度缺水以及转色期前缺水，这就提出了一个问题：如何定量地描述这些概念以便有效地应用于其他地方？小贴士6.2回答了这个问题。

小贴士6.2　波尔多水分亏缺概念量化

在波尔多，水分亏缺和葡萄水分状况的评估是通过从开花到收获期，每两周黎明前测量一次叶片的水势进行的（van Leeuwen *et al.*，2004）。作者根据Ojeda等（2002）的定义，水分亏缺胁迫程度划分如下。

- -0.2~0 MPa为不亏缺。
- -0.4~-0.2 MPa为轻微亏缺。
- -0.6~-0.4 MPa为中度亏缺。
- <-0.6 MPa为重度亏缺。

就生长期而言，葡萄转色期前叶片最小水势可作为生长季早期胁迫的指标，而转色期和收获之间的叶片最小水势可作为胁迫程度的指标。最小叶片水势总是出现在转色期后。

使用叶片水势直接测量水分胁迫在商业葡萄园中不常用，但间接测量经常被采用。因为降雨量很容易测量，并且土壤蒸散（ET）量很容易从气象数据中计算出来，就像加利福尼亚葡萄酒产区一样。水分平衡模型可以用来估计土壤水分亏缺和相应的葡萄水分胁迫程度。van Leeuwen等（2004）在圣埃美隆地区（St Emilion）3种不同土壤类型上的葡萄园，采用这种方法对嫁接到3309C砧木上的梅洛、赤霞珠和品丽珠葡萄开展了研究。5年的试验期间，开花到收获期间的降雨量为117~264 mm（4.6~10.4 in.）。根据水分平衡模型，开花到收获期间，葡萄树在1998年经历了中度水分亏缺胁迫，在2000年经历了重度亏缺胁迫。在1996年、1997年和1999年只有轻微的水分亏缺胁迫。得出的结论是，葡萄的最佳品质是在1998年和2000年，特别是在1998年，在这个生长季的前期也出现了中度水分亏缺胁迫。

尽管进行了水分平衡计算，van Leeuwen等（2004）发现，葡萄树水分胁迫的程度及其时间也会受到土壤类型的影响。例如，砂质黏土上的葡萄藤没有受到胁迫，因为根区有一个地下水位，这被认为可以在整个季节提供足够的水分。相反，持水能力弱的砾石土壤上的葡萄较早发生胁迫，并在1998年和2000年经历了重度水分胁迫，而黏壤土上的葡萄仅在开花和收获这两个时期结束时遭受了中度水分胁迫。

（2）灌溉条件下葡萄的土壤水分管理

在炎热的澳大利亚、南非和加州中央河谷的内陆地区，如果没有某种形式的灌溉，葡萄栽培将受到严重限制。在其他较为有利的气候条件下，灌溉也被用来补充土壤的天然水分供应。与波尔多一致，Kelle（2005）指出，一定程度的缺水有利于改善果实成分和提高葡萄酒质量，前提是施加的胁迫不太严重。小贴士6.3讨论了支持这一观点的葡萄对水分胁迫的生理响应。

小贴士6.3　葡萄对水分胁迫的生理响应

葡萄对水分胁迫的生理响应包括细胞分裂减少和细胞伸长减缓、叶片气孔关闭、光合作用减弱，最坏的情况是细胞脱水和死亡。葡萄苗对水分胁迫的生理响应影响新梢、叶片和果实的生长发育，并且与胁迫的时间和程度有关。一般来说，水分胁迫对当时最活跃的生长过程影响最大。例如，开花后立即发生的浆果细胞分裂最活跃，因此这个阶段的水分胁迫会显著降低收获时果粒的大小，因为果粒的大小在一定程度上取决于细胞的数量。

尤其是在温暖到炎热的地区，过度的水分胁迫会导致展开冠层减小和产量降低。严重的水分胁迫会导致结实率降低和影响下一季节的果实产量。水分胁迫对葡萄果实组分可能产生的影响与小贴士6.1中描述的由于枝条疏除和摘叶过多而造成的葡萄树势不平衡非常相似，也就是说，从转色期到收获期过量的果穗日光暴露会影响果实成分，在最坏的情况下，会对葡萄造成物理和化学伤害，水分胁迫也是如此。

葡萄对干旱土壤引起水分亏缺的一个重要反应是根系中脱落酸（ABA）的合成增加。ABA被转运到地上部，导致部分气孔关闭，从而减少蒸腾作用和新梢生长。由于根中产生的细胞分裂素和转移到芽中的细胞分裂素减少，所以新梢生长减少。

通过控制水分亏缺来控制葡萄的生长发育是下面几节讨论的灌溉策略的基础。然而，正如在波尔多产区旱作栽培葡萄发现的那样（见小贴士6.2），不同处理引起的水分胁迫可以被土壤持水能力的巨大差异所抵消，例如，调亏灌溉对新西兰马尔堡（Marlborough）不同土壤类型上长相思葡萄（Sauvignon Blanc）的影响差异（Raw et al., 2018）。

（3）调亏灌溉

调亏灌溉（RDI）可通过滴灌、树下喷灌、沟灌或漫灌等形式实现，其目的是引起土壤水分可控亏缺。调亏灌溉在温暖和炎热地区效果最显著，因为那里在葡萄生长最快的时期降雨很少。通常，调亏灌溉可以在生长季早期应用，以限制葡萄长势和冠层生长。此外，调亏灌溉可以在果实坐果期和转色期之间的浆果发育早期进行，通过限制细胞分裂来限制浆果的生长。图6.2a说明了调亏灌溉管理对收获时浆果果粒大小的影响。此外，浆果大小和叶幕生长量减少可能导致果实更早成熟。对葡萄单个果粒的含糖量（mg/果粒）的测定结果表明，转色期后轻度到重度的调亏灌溉都能降低糖分积累率（图6.2b）；但用白利糖度（Brix）或葡萄汁总糖含量（以mg/L为单位）测量时，调亏灌溉的果实含糖量与充足水分供应时的果实没有区别（图6.2c）。

由于较小的果粒具有较大的表面积和体积比，而花青素主要位于大多数欧洲红葡萄（*V. vinifera*）品种的表皮中，所以最终酿造的葡萄酒可以显示出更大的颜色深度。然而，果粒大小（以及皮肉比）对白葡萄酒来说并没有那么重要，因为在白葡萄酒酿造过程中通常很少提取果皮成分。尽管如此，Matthews和Nuzzo（2007）在总结了许多果粒大小的试验后得出结论，在评价葡萄和葡萄酒质量时，环境条件（如气候、冠层微观气候和土壤水分状况）对果实成分的影响比果粒大小本身更重要。

（4）部分根区干旱

调亏灌溉（RDI）是在葡萄生长某些限定的时期内进行的土壤水分亏缺管理，而部分根区干旱（PRD）是应用在空间上的水分调亏灌溉（Keller，2005）。在部分根区干旱情况下，葡萄的部分根系保持充足的水分供应，而其余的根系则生长在干旱土壤中。土壤干旱一侧的根会产生ABA，从而激发葡萄对水分胁迫的一些生理、生化响应，如气孔导度和营养生长降低；果实组分特性得到改善，如花青素和单宁增加。潮湿和干旱区域通常进行每14天一次的周期性交替调控，以防治潮湿一侧根系过多生长，从而使湿润和干旱侧的根系生长平衡。这种灌溉方法保证了ABA的持续产生。部分根区干旱可以显著提高葡萄的水分利用效率，但总体上不显著影响果粒大小和果实产量。

很久以前人们就知道从根系产生的ABA与植物的气孔导度相关，最近发现ABA还可以影响葡萄成熟和与花青素发育有关基因的调控与表达。例如，果实转色前将人工合成的ABA喷施到葡萄果穗上，可以抑制葡萄单宁的合成，而在转色后喷施ABA，则刺激了花青素和果皮单宁的积累。这表明单宁生物合成途径在浆果发育阶段受到高度调控，这些物质含量与最终的葡萄质量密切相关。

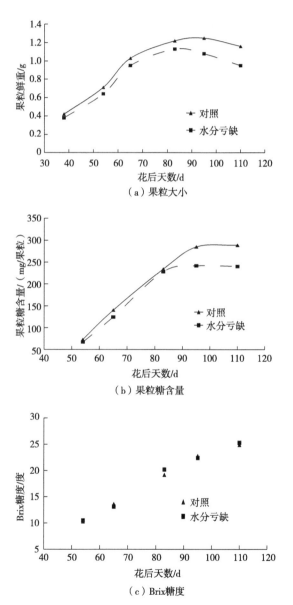

（a）果粒大小

（b）果粒糖含量

（c）Brix糖度

图6.2　葡萄开花后水分亏缺与充分浇水（对照）对果实性状的影响

（5）持续亏缺灌溉

持续亏缺灌溉（SDI）的表现一般与充分灌溉的结果进行比较。持续亏缺灌溉（SDI）是在整个生长季节补充预估葡萄蒸散（ET）量一定比例（如蒸散量的30%、40%、50%或70%）的水分灌溉策略。SDI的目标是实现更好的树势平衡（减少葡萄冠层生长），改善果实成分，并有利于缺水地区节约水资源。实现这些目标应该确保商业利润和可行性。根据估算ET量的百分比进行灌溉，在连续的几个生长季节进行观察，可能会发现葡萄树势、果粒大小和产量会按比例下降，但可能不会在持续亏缺灌溉第一个生长季出现。Chalmers等（2010）报道指出，赤霞珠和西拉葡萄的灌水量与葡萄酒中的总花青素和多酚含量之间存在显著的负相关关系。

SDI策略类似于在加州中央河谷的葡萄园中使用的"容积平衡"方法，在该方法中，当葡萄达到亏缺阈值（根据叶片水势确定）时，就进行灌溉。从这一节点开始，对葡萄施用总水分需求60%~70%的灌水，一直到收获后。此外，在灌溉受到法律限制的葡萄牙杜罗河等地区，由于近年来干旱期的严重程度有所增加，葡萄植株在没有灌溉的情况下受到严重的水分胁迫，因此也进行了与不灌溉相比的SDI试验（Cabral et al., 2018）。

6.1.5 其他环境影响——地球化学效应

（1）葡萄酒质量与土壤和母质中的矿物

有许多葡萄酒作家和其他人士对土壤和岩石矿物与葡萄酒质量间的关系进行了评论，但这些评论几乎没有任何结论性的科学证据。正如在小贴士3.2中所指出的，一些地质学家认为，葡萄根系深入土壤母质后会吸收矿物离子，从而影响所产葡萄酒的独特特性。例如，Wilson（1998）引用了一个有趣的观点，即在博若莱（Beaujolais）的一些浅层土壤中，从花岗岩中吸收的锰会给葡萄酒带来一种独特的风味。此外，Clarke（2018）引用凯文·波格（Kevin Pogue）的观点，指出玄武岩铁含量很高，会影响葡萄的铁吸收，葡萄果实铁含量进一步影响葡萄酒质量（风味）。

van Leeuwen和Seguin（2006）明确概括了母岩对葡萄酒的影响，他们认为一些土壤类型对葡萄酒质量有明显影响，如以生产高质量葡萄酒而闻名的石灰石土壤，这是葡萄酒相关评论人员的普遍看法。然而，这些评论者也注意到，在世界各地，顶级的葡萄酒都可由生长于不同类型土壤上的葡萄果实酿造而成。早些时候，Seguin（1986）提出，风化碳酸钙中产生的丰富钙离子可能通过创造有利的土壤结构来发挥作用，这种结构允许良好的排水和可调节的土壤水分供应，如我们在前面的"其他环境因子——土壤物理条件"中所述。

　　"矿物性"一词经常被用来描述土壤或母质中的矿物质对葡萄酒风味的影响（Sadler，2011）。在小贴士6.4中，我们对其科学基础进行了讨论。

小贴士6.4　葡萄酒的矿物味是传说还是现实？

　　葡萄酒作家们对葡萄酒中的矿物质味道津津乐道。诸如"石板岩""燧石""白垩土""新翻泥土"等术语已经被使用，有些人用"柑橘般的矿物味"等描述词来形容（Halliday，2014）。从科学上说，这都是没有意义的。另外，Feiring（2017）引用品酒师帕斯卡林·莱佩尔蒂（Pascaline Lepeltier）的观点，明确指出"葡萄酒中不含矿物质"，尽管她承认，葡萄生长的"泥土"可以在葡萄酒中传递一种地域感。

　　Maltman（2013）等驳斥了葡萄酒中可以品尝到土壤或岩石中矿物质的观点，他们认为大多数矿物质都是不溶于水的，即使它们溶解了，也会释放出各种没有味道的无机离子，如Ca^{2+}、Mg^{2+}、K^+、Na^+、Al^{3+}、SiO_4^{2-}、HCO_3^-、Cl^-和Fe^{3+}或Fe^{2+}等。矿物岩盐（NaCl）例外，它会溶解成Na^+和Cl^-离子，并给葡萄酒带来味道（在第五章"排水、盐分与根系生长"一节中，我们给出了葡萄酒中用NaCl表示的氯化物上限）。高氯浓度（>1 000 mg/L）的西拉葡萄酒被描述为给人一种"黏稠的"或柔软的口感（"肥皂液"），这让人们联想起高pH值（低酸度）的葡萄酒（Walker *et al.*，2003）。

　　在本讨论中，我们不考虑文化差异对"矿物味"的感知，而是考虑土壤是否可以是一种化合物或无机离子的直接来源，从而在葡萄酒中产生相应的矿物质味道。尽管Maltman（2013）认为矿物质不能在葡萄酒中品尝出来，但是对矿物质的感知可能是由于特定的葡萄酒属性（如酸度）或从葡萄中提取的特定化合物，或在发酵过程中合成的特定化合物，或许多化合物结合在一起，产生了这种感觉。Parr等（2015）通过来自法国和新西兰的专业品酒师测试了对矿物质感知的可能性。测定要求品酒师描述在品尝一些法国和新西兰长相思白葡萄酒时所感受到的味道和香气。尽管两组人内部和两组之间使用的描述词有相似和不同之处，但他们一致认为"矿物质"是存在的，这主要与长相思白葡萄酒缺乏百香果味、青果味和甜味等口味有关，但与酸度不相关。这一发现可能只适用于长相思葡萄酒，因为Ballester等（2013）报告称，来自勃艮第（Burgundy）的霞多丽（Chardonnay）葡萄酒，酸度和矿物质感之间存在正相关。在后续发表的论文中，Parr等（2016）调查了葡萄酒中的特定有机（挥发性和非挥发性）或无机溶质是否与品酒师识别出的矿物味有关，结论是不能确定二者是否相关，但强化了这样一种观点：即葡萄酒中的矿物质概念，无论从化学成分还是感官角度来看都是复杂的，而且很可能在未来数年里仍然备受争议。

带有"矿物"香气的葡萄酒往往是白葡萄酒。一些勃艮第白葡萄酒恰到好处地带有经典的火柴/燧石特征，这是非常诱人的，现在全世界的霞多丽（Chardonnay）酿酒师都在有意寻找这种特征（Goode，2014）。这种矿物特性的来源很可能是酵母发酵过程中产生的挥发性含硫化合物。香气化合物苄基硫醇被认为是赋予这些葡萄酒"燧石味"香气的主要原因，在浓度低至10～30 ng/L时仍然起作用（Capone et al.，2017）。

（2）火山土壤

最近，利用火山土壤种植葡萄酿制的葡萄酒成为一个"热门话题"。例如，在2018年3月举行的首届国际火山葡萄酒年会（First Annual International Volcanic Wine Conference）上，主要发言人约翰·萨博建议，消费者应该根据葡萄树生长的土壤，特别是该土壤是否是火山土壤来选择葡萄酒，而不是根据品种、葡萄园声誉或产区来选择（Szabo，2016）。

火山葡萄酒的概念是基于这样一种认识，即在特定的火山岩上发育的土壤会赋予葡萄酒一种独特的风味。"火山土壤"一词含义非常宽泛，包括从玄武岩、辉绿岩等碱性岩石到花岗岩、流纹岩等酸性岩石发育的土壤（表2.2）。这些火山土壤包括加利福尼亚州纳帕谷的玄武岩、流纹岩、凝灰岩和水蜡岩发育的土壤，来自西西里岛埃特纳火山的火山灰发育的土壤，以及希腊圣托里尼岛受浮石影响的土壤等。但是，由于小贴士6.4所述的原因，任何火山岩及其发育的土壤（无论是就地发育的还是在运积沉积母质上发育的）的矿物组成都不太可能对葡萄酒的风味产生直接影响。尽管如此，间接影响可能存在，包括来自土壤的物理因子（见前面的"其他环境因子——土壤物理条件"），或来自果实中由特定营养组合物质引起的感官化合物的合成（见后面"氮的作用"），或土壤-微生物相互作用（见后面"土壤微生物和风土"）。

（3）葡萄的营养和矿物离子的吸收

在1986年一篇具有深远影响的论文中，著名的法国科学家杰拉德·赛甘（Gerard Seguin）为未来的葡萄营养研究奠定了基调，他在文中写道，根据我们目前的知识，我们不可能在葡萄酒质量和土壤中营养元素含量之间建立任何联系。矛盾的是，赛甘（Gerard Seguin）在同一篇论文中指出，波尔多圣艾米隆特级B等酒庄（一级酒庄）的土壤通常比生产次等葡萄酒的土壤营养"更丰富"，并不是因为这些地方的土壤天然如此，而是这些葡萄园的主人多年来一直非常注意保育他们的土壤。为了说明这一点，Seguin（1986）比较了两类葡萄园的土壤特性，一个位于圣朱利安产区（这里有5个二级酒庄），另一个是位于玛歌产区康特纳克（Cantenac）片区的唯一一个二级酒庄。表6.3总结了比较结果。

表6.3显示，与康特纳克土壤相比，圣朱利安土壤pH、有机碳和总氮更高，赛甘将康特纳克土壤描述为"非常贫瘠"。圣朱利安土壤的CEC和交换性Ca也比康特纳克土壤高得多，且阳离子平衡较好。所有这些结果都表明在生产优质葡萄酒时，无毒性的有效养分均衡供应的重要性，正如圣朱利安葡萄酒与康特纳克葡萄酒相比所反映的一样。这一结论与本书的中心主题是一致的：即健康的土壤支持健康的葡萄树，在正确的管理方法下，可以生产出优质的葡萄酒。

在1986年的论文中，当提到"任何营养元素在土壤中的含量"时，赛甘并未明确指出土壤中营养元素的总含量或有效养分的供应量。随后，van Leeuwen等（2004）对圣埃美隆（St Emilion）3种不同类型土壤的梅洛葡萄酒质量和土壤养分供应之间的关系进行了测试。他们使用了单粒重、果粒糖含量、花青素含量和葡萄汁酸度等变量作为潜在葡萄酒质量的指标。葡萄叶柄的

N、P、K、Mg分析，可以作为土壤养分供应的替代指标。与Seguin（1986）的观点一致，他们得出的结论是葡萄对矿质养分的吸收或土壤提供这些养分的能力，似乎对果实质量没有显著影响。正如小贴士6.5中的研究案例所示，叶柄分析并不一定与土壤测量的土壤养分有效性有很好的相关性。

表6.3 圣朱利安与康特纳克两种土壤的养分特征

土壤指标	土壤深度/cm						评价
	圣朱利安St Julien			康特纳克Cantenac			
	0 ~ 30	30 ~ 70	70 ~ 110	0 ~ 30	30 ~ 70	70 ~ 110	
细土/（0 ~ 2 mm）	77	74	80	55	50	52	康特纳克土壤有更多的砾石
有机碳/%	1.16	0.59	0.31	0.52	0.29	0.16	康特纳克土壤有机碳含量较低
总氮/%	0.09	0.06	0.03	0.05	0.03	0.02	康特纳克土壤总氮含量较低
pH_{water}	6.4	6.7	6.8	5.0	5.0	5.4	铝和铜可以在低pH的康特纳克土壤中被激活（活化）
CEC/（cmol/kg）	7.45	6.05	3.80	3.10	2.30	1.75	康特纳克土壤保持交换性阳离子的能力非常低
交换性Ca/（$cmol_c$/kg）	6.0	5.2	2.8	0.6	0.4	0.5	康特纳克土壤中的交换性Ca更少
交换性Mg/（$cmol_c$/kg）	0.38	0.33	0.25	0.13	0.06	0.09	康特纳克土壤交换性Mg含量较低
交换性K/（$cmol_c$/kg）	0.30	0.16	0.16	0.29	0.27	0.26	康特纳克土壤K-Mg失衡
交换性Na/（$cmol_c$/kg）	0.15	0.17	0.25	0.16	0.13	0.12	康特纳克土壤中Na相对于Ca含量高

资料来源：Seguin（1986）。

小贴士6.5　叶柄分析与土壤速效钾、速效磷测试之间的关系

在新西兰北岛马丁堡（Martinborough）地区的特穆纳（Te Muna）葡萄园，对土壤和葡萄树进行了数年的土壤与叶柄的监测。所有的分析都在同一个实验室进行（第四章）。图B6.5.1a表示开花时取样的叶柄钾浓度与土壤交换性钾（用总交换性阳离子的百分比表示）的关系，这些数据是在几年内获得的。其中一组数据代表了黑比诺葡萄生长的多砾石土壤的数据（小区1）；另一组数据代表了长相思葡萄在富含粉砂和细砂的砾石土壤的数据（小区42）。显然，在两种情况下这两个变量之间均不存在正相关。

　　图B6.5.1b为小区42土壤上葡萄叶柄磷浓度与土壤速效磷浓度间的关系，其中土壤速效磷分别用Mehlich P（Mehlich 1984）和Olsen-P（Olsen et al., 1954）表示。考虑到这片土壤经常施用活性磷矿石（RPR），Olsen-P测定法在pH值为8.5时不能提取出磷（以磷酸钙的形式存在）就不足为奇了，所以叶柄磷和Olsen-P值之间没有相关性。另外，Walton和Alie（2004）研究发现，Mehlich P测定时以混合酸为提取剂，尽管可能高估了土壤中速效磷的含量，但测定结果与叶柄磷含量相关性相当好。对于含有大量以磷酸钙形式存在的含磷土壤，需要对该测定结果进行校正。

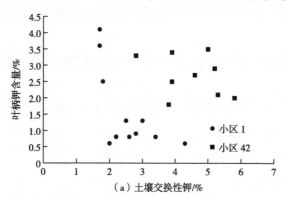

（a）土壤交换性钾/%

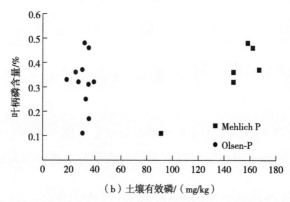

（b）土壤有效磷/（mg/kg）

图B6.5.1　（a）特穆纳葡萄园小区1（黑皮诺）和小区42（长相思）的叶柄钾浓度与土壤变换性钾含量的关系；（b）特穆纳葡萄园小区42叶柄磷浓度和土壤有效磷含量的关系

（资料来源：由新西兰霍克湾克拉吉酒庄国家级葡萄园经理Daniel Watson提供）

如小贴士4.3所述，这些结果是比较土壤和植物试验对土壤养分有效性的一些约束条件的实际例子。

（4）矿质营养与葡萄果实或葡萄酒的成分

其他研究者试图通过相关分析，将土壤化学元素的含量或它们的可提取性与葡萄果实成分（Mackenzie和Christy，2005）或葡萄酒成分（Imre *et al.*，2012）联系起来，但结果并不确定。然而，其他学者援引有关葡萄酒文献（Goode，2014）中的流行观点，认为在低肥力土壤上可以生产出较好的葡萄酒。例如，Retallack和Burns（2016）在研究俄勒冈黑比诺葡萄酒的质量与葡萄生长土壤pH之间的关系时，选择了土壤pH作为土壤肥力的替代值。他们认为，pH值较高（3.7~4.0）的葡萄酒比pH值较低（3.3~3.7）的葡萄酒更醇厚、成分更复杂，并发现葡萄酒的pH值与土壤最低pH值之间存在负相关关系，这表明较好的葡萄酒是在pH值较低（即肥力较低）的土壤上生产的。

Retallack和Burns（2016）认为低pH值是低肥力的合适表征，这是一个片面的概括，因为经验表明，优质的葡萄酒可以来自酸性、碱性或中性等不同的土壤（Seguin，1986）。"较好的葡萄酒可以在低肥力土壤上生产"的说法也与表6.3中圣朱利安和康特纳克土壤的比较结果不一致。此外，职业品酒师在对2009—2011年俄勒冈黑比诺葡萄酒进行分级时，对其与气候和土壤变量进行了回归分析，发现与葡萄酒质量相关性最强的并不是土壤pH值，而是10月缺乏降雨。

然而，正如我们将要在下一节讨论的那样，氮是一种土壤养分，它的供应最有可能影响果实组分和葡萄酒质量。

（5）氮的作用

氮在葡萄的所有生理生化过程中都起着重要作用，并且大量的氮是葡萄正常生长所必需的。氮素供应通过以下途径影响葡萄果实和葡萄酒的质量。

- 对树势和冠层发育及果实日光暴露程度和成熟有影响。
- 对果实成熟过程中酚类化合物（包括花青素、风味和非风味化合物）的生物合成有影响。
- 对葡萄汁发酵（氨基酸和铵的平衡影响酵母性能）有影响。

这些因素的相互作用是复杂的。例如，适量的氮素供应是提高红葡萄酒生产质量的一个因素。Choné等（2001）研究发现，低氮限制了旱作种植的赤霞珠果粒的大小和苹果酸浓度，但增加了糖和多酚含量。然而，过多的氮会降低葡萄着色，延迟成熟，并可能导致下一季葡萄芽结果能力差。氮肥还能增加葡萄对灰霉病（*Botrytis cinerea*）的敏感性。与红葡萄酒相比，白葡萄酒需要更高的氮供应量，因为在许多白葡萄酒品种中，氮素会刺激挥发性硫醇的合成，而硫醇是香气化合物的前体，有助于提高葡萄酒质量（van Leeuwen和de Rességuier，2018）。

氮对酵母菌的生长和葡萄汁发酵至关重要，它影响发酵的速率和完整性，影响葡萄酒的发酵香气和风格。葡萄汁中氮浓度表示为酵母同化氮（YAN），这是对可被酵母（如酿酒酵母*Saccharomyces cerevisiae*）吸收的主要有机氮（游离氨基酸，不包括脯氨酸）和无机氮来源（铵）的衡量。对葡萄和葡萄汁中氮素缺乏的早期检测，能够使酿酒师明智决定是否要添加无机氮（磷酸二铵，DAP）或有机氮（专用酵母添加剂）。这种添加剂可以减少发酵缓慢或发酵停滞的风险，并防止产生不良的感官特性，如硫化氢气味和还原特性。

优化土壤氮供应比较困难，因为有如下许多因素影响氮的有效性和利用。

- 固有的土壤肥力（如C/N比，第三章"氮转化"所述）。
- 行间的管理（如清耕与覆盖作物和种植品种）。
- 通过温度影响土壤氮矿化的季节条件以及水分供应，尽管对灌溉葡萄园来说土壤水分供应对氮的影响的重要性较低。
- 接穗–砧木基因型组合。

土壤矿质氮的测量价值不大，因为它们是某一个时间点上的简单"抓拍"。测量潜在可矿化氮（表4.4）更有用，因为它可以估计整个季节的氮供应。开花期和果实采收后是最重要的供氮期。开花期供氮不足可能会导致潜在产量损失，但氮供应过剩会降低葡萄品质。葡萄收获后需要充足的氮供应，以补充枝条中的氮储备，为下一季的生长做好准备。当土壤氮素供应可能不足时，可以通过适时施用氮肥加以补充。

（6）重要信息（take-home message）

我们对于地球化学效应可以得出的结论是，葡萄和葡萄酒的质量并不与土壤中的任何单一矿质元素的供应简单相关。人们普遍认为的最好的葡萄酒总是产在贫瘠的土壤上的观点也没有得到数据支持。从营养的角度来看，健康的土壤保持基本元素的均衡供应是高品质葡萄的基础，随后葡萄酒的质量就掌握在酿酒师的手中了。

6.1.6 其他环境效应——微生物的作用

微生物一直被认为能够影响葡萄的生长和健康。表4.5列出了土壤中一些较常见的病原微生物。另外，在第三章"微生物群落结构、生物多样性和功能"一节中描述的菌根真菌共生体，可以通过增强葡萄根系对水分和特定营养物质（如P和Zn）的吸收，从而促进葡萄生长。近年来人们的注意力多集中在单个葡萄园的微生物群落组成上，通过现代的DNA分析和rRNA测序技术，可以确定大量样本的微生物组成，有时甚至可以达到确定种的水平，从而使对微生物组成的关注成为可能。这项研究的假设如下：

- 在葡萄园或植株不同部位（叶子、茎和果实）发现的微生物种群可以影响发酵过程，从而影响葡萄酒的质量。
- 葡萄园地上部微生物种群与土壤中微生物组成密切相关。
- 一个特定葡萄园的微生物"特征"可能是该葡萄园特有的，这可以解释为什么该葡萄园生产的葡萄酒具有独特的地域特征。

总之，这些观点逐渐演变成了"微生物风土"的概念，它假定土壤微生物组对土壤，进而对葡萄酒"地域感"的表达具有重大贡献。

（1）酿酒酵母菌株的产区差异与葡萄酒性状

酿酒酵母是一种主要进行酒精发酵的真菌。对新西兰葡萄园的研究（Goddard，2010）揭示了酵母菌株的产区差异，这可以解释不同产区生产的各种葡萄酒的独特性，因为许多挥发性化合物都是在发酵过程中产生的（Swiegers *et al.*，2005），而这些物质与葡萄酒的风味和口感密切相关。后来，Knight等（2015）证实了地域不同的酵母种群影响不同地区葡萄酒表型的假说，例如，他们发现，在控制条件下，用来自6个不同地区的长相思葡萄上的酵母发酵酿造出了特性差异鲜明的葡萄酒，这可能是"微生物风土"的一个例子。

新西兰的研究引发了如下两个问题：

- 在不同的区域之间是否存在一个可以演化出不同的微生物亚种群的关键临界距离？
- 这种地区间微生物亚种群的差异在时间上是否稳定？

第一个问题的答案是模棱两可的，在Goddard（2010）的报告中，一些酵母菌株可能通过人类或昆虫传播至少6 km。然而，对比新西兰酵母基因型与全球范围内所收集的不同基因型的酵母菌株后发现，两者之间没有重叠，这表明新西兰酵母菌株较为独特。后来的研究（Gayevskiy和Goddard，2012）发现，相距大约40 km的两个地区的特有土著酵母种群的基因差异比相距大约350 km的两个地区酵母种群的基因差异更大。人们可能会初步得出这样的结论，尽管在新西兰这样一个孤立的岛屿上的酵母菌株在基因型上是特有的，但在新西兰境内，酵母菌可以在不同地区之间传播相当远的距离。

第二个问题还没有得到回答，因为在过去的一段时间里没有对特定地点的葡萄材料或土壤进行重复取样。如果酵母种群可以移动相当远的距离，很可能区域种群将随着时间的推移而改变其他地区的基因多样性，并可能变得更加同质。然而，当地多样的酵母种群也可能会适应当地气候和/或土壤条件，在任何给定地点进化成一系列特定的、可能是独特的遗传相关的菌株。支持这一假设的研究表明，土壤细菌和真菌群落结构的空间变异，反映了高度本地化的生物地理因素和葡萄园管理的影响（Likar et al.，2017）。这种本地化微生物群落的存在与显著的"风土"效应概念是一致的，这将在"土壤微生物和风土"中讨论。

（2）土壤微生物与葡萄酒特性的产区差异

与新西兰本土酿酒酵母菌株（S. cerevisiae）存在区域性特异（本地）种群类似，北美的研究也发现了与葡萄树相关的微生物种群的区域性差异（Burns et al.，2015）。通过对葡萄树的叶片、花、果实、根以及相应的非根际和根际土壤进行详细的遗传分析表明，植物各部位的微生物种群组成与相应的土壤种群存在一定的差异，但总体而言，地上部分与地下部分（非根际和根际土壤）的微生物种群共同点要多于地上部葡萄各部位之间的共同点（Zarraonaindia et al.，2015）。

土壤微生物可以不加选择地通过栽培、雨滴飞溅、空气或人类交通等途径迁移到葡萄树的表面，或者更有选择性地通过葡萄的组织运输（尽管这一途径还没有被很好地理解）。与对酵母的研究一样，其他研究（Bokulich *et al.*，2016）表明，葡萄微生物群落组成与葡萄酒的化学和感官特性相关。显然，这种相关性程度以及微生物群落影响的效果可以通过酿酒方法来调节。然而，相关性并不意味着因果关系，而且特定的生物体或生物群体（而不是酵母）影响葡萄酒特性的机制还有待阐明。

尽管人们已经对生活在根系周围土壤中的微生物进行了多年的研究，但对定殖在葡萄气生部位（组织内部和外部）的微生物的研究相对较晚（Gilbert *et al.*，2014）。图6.3说明了"土壤-微生物-葡萄"系统各组成部分之间相互关系的复杂性。

叶片
细菌　　　　　　真菌
　鞘氨醇单胞菌　　黑酵母菌
　假单胞菌　　　　罗伦梯氏隐球菌属
　芽孢杆菌　　　　指甲隐球菌属
　甲基杆菌属　　　黑隐球酵母
　短小杆菌属　　　红酵母属
　斯科曼氏球菌属

花
细菌
　假单胞菌
　芽孢杆菌

树皮
细菌
　黄色杆菌
　黄单胞菌
　纤维菌属
　木质部苛养菌
　木单胞菌真菌
真菌
　出芽短梗霉
　指甲隐球酵母
　诞沫念珠菌
　朔果线黑粉菌
　红酵母属

果实
细菌
　假单胞菌属
　无色杆菌属
　黄杆菌属
　纤维弧菌属
　马赛菌属
　微球菌属
　芽孢杆菌属真菌

真菌
　念珠菌
　美极梅奇酵母
　毕氏酵母
　黑酵母菌
　隐球菌属
　斯露菲亚红酵母
　红挪孢酵母

非根际土
细菌　　　　　真菌
　梭状杆菌　　　朔果线黑粉菌
　杆菌属　　　　黑酵母菌属
　根瘤菌属　　　葡萄有胞汉逊酵母菌
　不动杆菌属
　链球菌属
　类芽孢杆菌

图6.3　在葡萄地上部和根部周围土壤中鉴定出的各种细菌和真菌示意图

［资料来源：经Gilbert等（2014）许可重新绘制，酿酒葡萄的微生物风土，
美国国家科学院学报，111（1）：5-6］

（3）土壤微生物和风土

与Likar等（2017）的研究一样，从纽约长岛分别相距8 km以内的5个梅洛葡萄园取样，土壤微生物群落的分析结果揭示了高度本地化的生物地理因子（如土壤pH值和C/N比）和葡萄园管理的影响。这就提出了一种可能性，即特定的葡萄品种可能会与当地的异质性（生物地理因子）相互作用，从中选择并形成品种×土壤类型的关系，从而决定一个地点的风土条件。例如，在法国勃艮第（Burgundy）的夜丘（Côte de Nuits）相对较小的地区内，由非常独特的气候、地形和历史因素所形成的气候条件，可能会造成葡萄酒特性的微小变化。然而，正如大卫·席尔德克内希特所指出的，某些以其风土品质而闻名的特定产地葡萄酒，即使考虑到许多其他因素（尤其是葡萄酒商），也具有很强的个性，而这些因素难以同质化。Schildknecht把这种现象称为"强风土效应"。夜丘葡萄园独特的黑比诺葡萄酒可能是由于该品种与裂隙石灰岩上发育的独特石灰性褐土的相互作用（图6.4）。

Gilbert等（2014）推测，将微生物生态

图6.4　法国勃艮第地区未被破坏的石灰性褐土的特征

学应用到葡萄栽培中，可能对葡萄种植者几个世纪以来观察到的现象给出一个科学的解释，进而会引发葡萄园管理实践措施的变化。管理措施变化有可能培育出一个葡萄、土壤和微生物之间具有特殊相互作用的环境，从而可以在不同的葡萄园酿造出风格独特的葡萄酒。相反，种植者可能会通过不断地将不同产区的葡萄杂交，从而生产出一种"酒庄特有风格"的葡萄酒，因而无意中实现了特定的葡萄-土壤-微生物群落组合的表达。另一种可能性是，最初认为不适合生产优质葡萄酒的地点，可以通过接种微生物来改变土壤微生物群落，这或许可以应用到葡萄生物动力栽培模式中（见第五章"葡萄栽培的生产模式"）。

（4）土壤微生物群落和非传统栽培模式

在第五章中被称为"非传统栽培"的各种生产模式中，我们感兴趣的主要是生物动力和有机栽培模式。酿酒种植者实施认证的有机栽培模式，主要目的是避免使用未经批准的化肥和农药等化学品，并可以维持和提升土壤健康，成为一个好的土壤管理者。我们在第五章"有机栽培模式的效果"中讨论了有机栽培模式的优缺点。有机栽培模式依赖于通过自然来源（如大气）和有机物料输入为葡萄提供养分，这些养分也通过刺激活跃的和多样性的土壤微生物群落而有益于土壤健康。

有机物料通过堆肥产物、粪肥、覆盖物和覆盖作物生长等进行输入。虽然堆肥产物也被用于生物动力栽培葡萄园（但不是所有的葡萄园），但采用生物动力栽培模式的种植者在很大程度上依赖于特殊的制剂500～508（见第五章"生物动力栽培模式"），这些制剂可以喷到葡萄上，或施入土壤中，或添加到堆肥中。以制剂500的制备为例，在冬天，通过将牛粪装在牛角里，发酵堆制而成。这样做的理由是，通过牛角尖吸收的能量对堆肥微生物具有刺激作用。这就引发了以下两个问题。

● 为什么牛角内生长的微生物群落在6个月内会比健康葡萄园土壤中的微生物群落好呢？

● 极低浓度的接种剂（如每年两次95 g/hm^{2}的接种量（Reeve *et al.*, 2005）是否能实质性改变生物动力栽培葡萄园的土壤微生物群落呢？

第一个问题的答案是一个信仰的问题，因为除了我们认同微生物的多样性有利之外，对什么是"理想的"土壤微生物组可能没有客观的评价（见第三章"生物体的平衡"）。Morrison-Whittle等（2017）对新西兰马尔堡地区栽培长相思葡萄（*Sauvignon Blanc*）的分别采用传统和生物动力栽培模式的葡萄园土壤、树皮和果实样本中的真菌群落进行了测序，其结果为第二个问题提供了部分答案。尽管两种栽培模式之间存在差异，来源于不同"宿主"（土壤、树皮或果实）的真菌群落在收获的果汁中没有显著差异，发酵果汁中发现的重要硫醇化合物浓度之间也没有显著差异。同样，Chou等（2018）发现，尽管不同葡萄栽培模式下土壤微生物群落发生了变化，但果实相关微生物群落没有发生相应的变化。下一节将讨论这些发现的含义。

（5）生物动力和有机葡萄酒的味道

除了宇宙能量和牛角的作用外，一些采用生物动力栽培模式的葡萄酒生产商认为，生物动力葡萄酒的味道还受到月相的影响。Parr等（2017）使用来自新西兰采用传统、有机和生物动力栽培模式生产的黑比诺葡萄酒进行了测试。一组经验丰富的品酒师，在不知道品酒目的的情况下，被要求描述和判断葡萄酒。他们所给出的分数显示，葡萄酒的味道没有因月相周期变化而有所不同，传统、有机和生物动力葡萄酒之间也没有任何差异。此外，Ross等（2009）利用品酒小组对4个年份的有机和生物动力葡萄酿造的葡萄酒进行了感官比较。总体而言，生物动力葡萄酒和有机葡萄酒之间没有显著差异，因为评审团认为某一年份生物动力葡萄酒感官好，但又认为另一年份的有机葡萄酒感官好。

Delmas等（2016）将1998—2009年发表在《葡萄酒观察家》《葡萄酒倡导者》《葡萄酒爱好者》上的加州所生产的"生态认证"葡萄酒与传统葡萄酒的评分进行了比较，得出了相反的结果。生态认证是美国的一个概念，它的定义包括生物动力葡萄酒和有机葡萄酒（调查中没有"有机葡萄酒"）。作者通过对葡萄酒质量评分与生态认证以及其他一些变量（如葡萄酒年份、评论字数、酿酒年份、酿酒地区和酿酒厂规模）进行多元回归分析，结果表明，葡萄酒质量评分和生态认证之间存在正相关关系。然而，经生态认证的葡萄酒只占调查总数的1.1%，因此它们的表现会被非生态认证葡萄酒的变异分值所掩盖。这一结论得到了证实，因为多元回归分析仅解释了葡萄酒质量评分分值变异的12%。

（6）我们能得出什么结论？

在第五章中，我们提出了这样一个问题：为什么一些葡萄种植者和葡萄酒鉴赏家声称，与非生物动力葡萄酒相比，生物动力葡萄酒看起来更明亮、更鲜艳和味道更好？从土壤的角度来看，Reeve等（2005，2010）发现生物动力与有机栽培模式之间没有一致性差异。同样，上文提到的品尝结果也不支持生态认证、有机或生物动力葡萄酒优于传统葡萄酒的说法。对味道的看法是非常主观的，例如，Collins和Pendold（2015）在澳大利亚的一项调查中报道，有机葡萄酒和生物动力葡萄酒在品酒时一直被描述为"比传统葡萄酒成分更复杂、更有质感、丰富而充满活力"。然而，我们对这个问题持保留态度，除非获得更多、更严谨的感官评价结果，正如Ross等（2009）和Parr等（2017）对传统、有机和生物动力葡萄酒所做的评价那样。

6.2　总结

在本章中，我们讨论了土壤和其他环境因子对葡萄树生长、果实、葡萄酒质量的影响。强调基因型与环境相互作用在决定这种影响中的根本重要性。砧木在应对特定土壤和环境限制因子方面很重要。本章讨论了气候这个主要环境因子对葡萄树势平衡和果实质量的影响。气候会直接影响旱作栽培葡萄园的土壤水分供应，也会间接影响灌溉葡萄园土壤水分供应，为此，各种策略如调亏灌溉、部分根区干旱和持续亏缺灌溉已经被开发应用。本章也从土壤水分供应、土壤矿质离子、土壤氮素等地球化学效应，以及土壤微生物种群组成等方面讨论了影响葡萄果实和葡萄酒品质的土壤因子。尽管"微生物风土"的概念很流行，但葡萄园内葡萄树或土壤中的微生物群落与该葡萄园葡萄酒的独特性之间的相关联系尚未被试验结果证明。本章还综述讨论了"非传统栽培模式"，如讨论了生物动力栽培模式下生产的葡萄酒优于有机或传统栽培模式的证据，但没有得出明确的结论。不管在哪种栽培模式下，具有鲜明特色的高质量葡萄酒都可以用高品质的葡萄果实通过经验丰富、技术高超的酿酒师酿造出来。

参考文献

BALLESTER J，MIHNEA M，PEYRON D，2013. Exploring minerality of Burgundy Chardonnay wines：a sensory approach with wine experts and trained panellists. *Australian Journal of Grape and Wine Research* 19, 140-152. doi: 10. 1111/ajgw. 12024

BOKULICH N A, COLLINS T S, MASARWEH C, *et al.*, 2016. Associations among wine grape microbiome, metabolome, and fermentation behaviour suggest microbial contribution to regional wine characteristics. *mBio* 7, 1-12. doi: 10. 1128/mBio. 00631-16

BURNS K N, KLUEPFEL D A, STRAUSS S L, *et al.*, 2015. Vineyard soil bacterial diversity and composition revealed by 16S rRNA genes: differentiation by geographic features. *Soil Biology & Biochemistry* 91, 232-247. doi: 10. 1016/j. soilbio. 2015. 09. 002

CABRAL I, NOGUEIRA T, CARNEIRO A, *et al.*, 2018. Influence of irrigation on yield and quality of cv. Touriga Franca in the Douro Region. In *Actas XII Congreso Terroir*. 18-22 June 2018, Zaragoza. (Ed. AM Burgos) pp. 113-119. EDP Sciences, Zaragoza, Spain. doi. org/10. 1051/e3sconf/20185001014

CAPONE D, FRANCIS L, WILLIAMSON P, *et al.*, 2017. Struck match, freshness and tropical fruit: thiols and Chardonnay flavour. *Wine & Viticulture Journal* 32 (6), 31-35.

CHALMERS Y M, DOWNEY M O, KRSTIC M P, *et al.*, 2010. Influence of sustained deficit irrigation on colour parameters of Cabernet Sauvignon and Shiraz microscale wine fermentations. *Australian Journal of Grape and Wine Research* 16, 301-313. doi: 10. 1111/j. 1755-0238. 2010. 00093. x

CHONÉ X, VAN LEEUWEN C, CHERRY P, *et al.*, 2001. Terroir influence on water status and nitrogen status of non-irrigated Cabernet Sauvignon (*Vitis vinifera*): vegetative development, must and wine composition. *South African Journal of Enology and Viticulture* 22, 8-15.

CHOU M-Y, VANDEN HEUVEL J, BELL T H, *et al.*, 2018. Vineyard under-floor management alters soil microbial composition while the fruit microbiome shows no corresponding shift. *Scientific Reports* 8 (11039), 1-9.

CLARKE J, 2018. *True Grit-the Volcanic Wine Category*. Meininger's Wine Business International, no. 1. Meininger Verlag, Neustadt, Germany, <www. meininger. de/en/publications>.

COLLINS C, PENFOLD C, 2015. The relative sustainability of organic, biodynamic and conventional viticulture. Final report to the Australian Grape and Wine Authority UA 1102, University of Adelaide, Adelaide.

DELMAS M A, GERGAUD O, LIM J, 2016. Does organic wine taste better? An analysis of experts' ratings. *Journal of Wine Economics* 11 (3), 329-354. doi: 10. 1017/jwe. 2016. 14

FEIRING A, 2017. *The Dirty Guide to Wine*. Countryman Press, New York, USA.

GAYEVSKIY V, GODDARD M R, 2012. Geographic delineations of yeast communities and populations associated with vines and wines in New Zealand. *The ISME Journal* 6, 1 281-1 290. doi: 10. 1038/ismej. 2011. 195

GILBERT J A, VAN DER LELIE D, ZARRAONAINDIA I, 2014. Microbial terroir for wine grapes. *Proceedings of the National Academy of Sciences of the United States of America* 111, 5-6. doi: 10. 1073/pnas. 1320471110

GODDARD M, 2010. Microbial terroirism. *Australasian Science* April, 24-27.

GOODE J, 2014. *The Science of Wine: from Vine to Glass.* 2nd edn. University of California Press, Berkeley CA, USA.

HALLIDAY J, 2014. 'Wine'. *The Weekend Australian* 5-6 July, p. 35.

IMRE S P, KILMARTIN P A, RUTAN T, et al., 2012. Influence of soil geochemistry on the chemical and aroma profiles of Pinot noir wines. *Journal of Food Agriculture and Environment* 10, 280-288.

JONES G V, MORIONDO M, BOIS B, et al., 2009. Analysis of the spatial climate structure in viticulture regions worldwide. *Bulletin de l'OIV* 82, 507-518.

JONES G V, REID R, VILKS A, 2012. Climate, grapes, and wine: structure and suitability in a variable and changing climate. In *The Geography of Wine Regions, Terroir and Techniques.* (Ed. PH Dougherty) pp. 109-133. Springer, Dordrecht, Netherlands.

KELLER M, 2005. Deficit irrigation and vine mineral nutrition. In *Soil Environment and Vine Mineral Nutrition.* (Eds LP Christensen and DR Smart) pp. 91-106. American Society of Enology and Viticulture, Davis CA, USA.

KNIGHT S, KLAERE S, FEDRIZZI B, et al., 2015. Regional microbial signatures positively correlate with wine phenotypes: evidence for a microbial aspect to terroir. *Scientific Reports* 5 (14233), 1-10.

LIKAR M, STRES B, RUSJAN D, et al., 2017. Ecological and conventional viticulture gives rise to distinct fungal and bacterial microbial communities in vineyard soils. *Applied Soil Ecology* 113, 86-95. doi: 10. 1016/j. apsoil. 2017. 02. 007

MACKENZIE D E, CHRISTY A G, 2005. The role of soil chemistry in wine grape quality and sustainable management in vineyards. *Water Science and Technology* 51, 27-37. doi: 10. 2166/wst. 2005. 0004

MAHMUD K P, 2016. Factors influencing diurnal and seasonal fine root growth in grapevines. PhD thesis. Charles Sturt University, Australia, <https:// researchoutput. csu. edu. au/ws/portalfiles/portal/9318416/88606>.

MALTMAN A, 2013. Minerality in wine: a geological perspective. *Journal of Wine Research* 24, 169-181. doi: 10. 1080/09571264. 2013. 793176

MATTHEWS M A, 2016. *Terroir and Other Myths of Winegrowing.* University of California Press, Berkeley CA, USA.

MATTHEWS M A, NUZZO V, 2007. Berry size and yield paradigms on grapes and wine quality. *Acta Horticulturae* 754, 423-436. doi: 10. 17660/ActaHortic. 2007. 754. 56

MEHLICH A, 1984. Mehlich 3 soil test extractant: a modification of Mehlich 2 extractant. *Communications in Soil Science and Plant Analysis* 15, 1 409-1 416.

doi: 10. 1080/00103628409367568

MORRISON-WHITTLE P, LEE S A, GODDARD M A, 2017. Fungal communities are differentially affected by conventional and biodynamic agricultural management approaches in vineyard ecosystems. *Agriculture, Ecosystems & Environment* 246, 306-313. doi: 10. 1016/j. agee. 2017. 05. 022

MPELASOKA B S, SCHACHTMAN B P, TREEBY M T, *et al.*, 2003. A review of potassium nutrition in grapevines with special emphasis on berry accumulation. *Australian Journal of Grape and Wine Research* 9, 154-168. doi: 10. 1111/j. 1755-0238. 2003. tb00265. x

NICHOLAS P R, 1997. Rootstock characteristics. *The Australian Grapegrower and Winemaker* 400, 30.

OJEDA H, ANDARY E, KRAEVA A, *et al.*, 2002. Influence of pre-and postveraison water deficits on synthesis and concentration of skin phenolic compounds during berry growth of *Vitis vinifera* cv Shiraz. *American Journal of Enology and Viticulture* 53, 261-267.

OLSEN S R, COLE C V, WATANABE F S, *et al.*, 1954. 'Estimation of available phosphorus in soils by extraction with sodium bicarbonate'. Circular No. 939. US Department of Agriculture, Washington DC, USA.

PARR W V, BALLESTER J, PEYRON D, *et al.*, 2015. Perceived minerality in Sauvignon wines: influence of culture and perception mode. *Food Quality and Preference* 41, 121-132. doi: 10. 1016/j. foodqual. 2014. 12. 001

PARR W V, VALENTIN D, BREITMEYER J, *et al.*, 2016. Perceived minerality in sauvignon blanc wine: chemical reality or cultural construct? *Food Research International* 87, 168-179. doi: 10. 1016/j. foodres. 2016. 06. 026

PARR W V, VALENTIN D, REEDMAN P, *et al.*, 2017. Expectation or sensorial reality? An empirical investigation of the biodynamic calendar for wine drinkers. *PLoS One* 12, e0169257. doi: 10. 1371/journal. pone. 0169257

RAVAZ L, 1902. Sur la cause de la brunissure. *Le Progrès Agricole et Viticole* 18, 481-486.

RAW V, GREVEN M, MARTIN D, 2018. The influence of deficit irrigation and soil on the performance of Sauvignon blanc in Marlborough, New Zealand. In *Actas XII Congreso Terroir*. 18-22 June 2018, Zaragoza. (Ed. AM Burgos) pp. 101-107. EDP Sciences, Zaragoza, Spain.

REEVE J R, CARPENTER-BOGGS L, REGANOLD J P, *et al.*, 2005. Soil and winegrape quality in biodynamically and organically managed vineyards. *American Journal of Enology and Viticulture* 56, 367-376.

REEVE J R, CARPENTER-BOGGS L, REGANOLD J P, *et al.*, 2010. Influence of biodynamic preparations on compost development and resultant compost extracts on wheat seedling growth. *Bioresource Technology* 101, 5 658-5 666. doi: 10. 1016/j. biortech. 2010. 01. 144

RETALLACK G J, BURNS S F, 2016. The effects of soil on the taste of wine. *GSA*

Today 26（5），4-9. doi：10. 1130/GSATG260A. 1

ROSS C F，WELLER K M，BLUE R B，*et al.*，2009. Difference testing of Merlot produced from biodynamically and organically grown wine grapes. *Journal of Wine Research* 20，85-94. doi：10. 1080/09571260903169423

SADLER Q，2011. 'Minerality in wine-flight of fantasy，fact or terroir'？Quentin Sadler website，<https://quentinsadler. wordpress. com>.

SEGUIN G，1986. 'Terroirs' and pedology of wine growing. *Experientia* 42，861-873. doi：10. 1007/BF01941763

SMART R，ROBINSON M，1991. *Sunlight into Wine*. Ministry of Agriculture and Fisheries，Wellington，New Zealand.

SWIEGERS J H，BARTOWSKY E J，HENSCHKE P A，*et al.*，2005. Yeast and bacterial modulation of wine aroma and flavour. *Australian Journal of Grape and Wine Research* 11，139-173. doi：10. 1111/j. 1755-0238. 2005. tb00285. x

SZABO J，2016. *Volcanic Wines. Salt，Grit and Power*. Jacqui Small Books，London，UK.

TRUEL P，RENNES C，DOMERGUE P，1980. Identifications in collections of grapevines. In *Proceedings 3rd International Symposium on Grape Breeding*. 15-18 June 1980，Davis.（Ed. HP Olmo）pp. 78-86. University of California，Davis CA，USA.

VAN LEEUWEN C，DE RESSÉGUIER L，2018. Major soil-related factors in terroir and vineyard siting. *Elements* 14，159-165. doi：10. 2138/gselements. 14. 3. 159

VAN LEEUWEN C，SEGUIN G，2006. The concept of terroir in viticulture. *Journal of Wine Research* 17，1-10. doi：10. 1080/09571260600633135

VAN LEEUWEN C，FRIANT P，CHONÉ X，*et al.*，2004. Influence of climate，soil and cultivar on terroir. *American Journal of Enology and Viticulture* 55，207-217.

VAN LEEUWEN C，TREGOAT O，CHONE X，*et al.*，2009. Vine water status is a key factor in grape ripening and vintage quality for red Bordeaux wine. How can it be assessed for vineyard management purposes? *Journal International des Sciences de la Vigne et du Vin* 43，121-134.

WALKER R R，BLACKMORE D H，CLINGELEFFER P R，*et al.*，2003. Salinity effects on vines and wines. *Bulletin de l'OIV* 76，200-227.

WALTON K，ALLE D，2004. Mehlich no. 3 soil test-the Western Australian experience. In *Supersoil 2004*.（Ed. B Singh）Third Australian and New Zealand Soils Conference，Sydney Australia，pp. 5-9，The Regional Institute Gosford，New South Wales.

WHITE R E，2003. *Soils for Fine Wines*. Oxford University Press，New York，USA.

WILSON J E，1998. *Terroir. The Role of Geology，Climate and Culture in the Making of French Wines*. Mitchell Beazley，London，UK.

ZARRAONAINDIA I，OWENS S M，WEISENHORN P，*et al.*，2015. The soil microbiome influences grapevine associated microbiota. *mBio* 6，1-10. doi：10. 1128/mBio. 02527-14

扩展阅读

ALLEN M，2010. *The Future Makers*. Hardie Grant Books，Melbourne.

GLADSTONES J S，1992. *Viticulture and the Environment*. Winetitles，Adelaide.

GOODE J，HARROP S，2011. *Authentic Wine*. University of California Press，Berkeley CA，USA.

ILAND P，GAGO P，2002. *Australian Wine*. Patrick Iland Wine Promotions，Adelaide.

第七章

葡萄种植的未来发展趋势

在本章中，我们明确了目前和未来酿酒葡萄种植面临的一些主要挑战，如气候变化、可持续葡萄种植以及土壤健康和风土；讨论了这些术语的含义以及采取何种措施可以让利益最大化、减轻任何不利影响并指导未来葡萄园管理。

7.1　气候变化对葡萄栽培和葡萄酒的影响

7.1.1　全球气候变暖和极端天气事件的发展趋势

国际科学界公认，自20世纪中期以来，人类活动导致的温室气体（GHGs）排放增加是全球表面温度上升的主要原因。温室气体的持续排放将导致气候变暖和全球气候系统的所有方面进一步改变。根据全球环流模式（GCM）和模型中使用的排放情景，到2100年，与1985—2005年的参考时期（IPCC，2014）相比，气温预计将上升1~3.7℃（1.8~6.7℉）。

关于气候变化对降雨模式的影响，人们的共识较少。降雨量及其季节性分布的变化很可能会因地区而异（IPCC，2014）。葡萄水分状态为供水量与蒸散（ET）的平衡，蒸散随气温升高呈增加趋势。因此，即使总降雨量不变，更温暖的气候可能也是更干旱的气候。

与葡萄栽培相关的气候预测如下：

- 炎热天气和热浪将变得更加频繁，且更加严重。
- 霜冻可能会减少，但可能发生在非正常时间。
- 降雨事件可能会变得更加极端。
- 许多地区的季节性降雨模式将会改变。
- 干旱可能会变得更加频繁和持久。
- 许多地区的潜在蒸散（ET）将会增加。

7.1.2　气候变化对葡萄酒行业的影响

（1）葡萄品种与产区

在第六章"气候影响"一节中，我们讨论了气候对葡萄生长、发育和最终葡萄酒品质的影响。根据平均生长季温度（GST）指数，我们给出了全球标准葡萄酒产区种植的主要品种的适宜栽培气候-成熟度分组情况（图6.1）。Jones等（2012）指出，截至1999年，大多数地区的平均生长季温度（GST）升高提升了葡萄酒的品质，尤其是在较为冷凉的法国和德国产区。然而，Hannah等（2013）用17个全球环流模式，根据碳排放情景，预测出2050年气候变化将导致全球适宜种植葡萄的面积减少19%～62%。但van Leeuwen等（2013）强烈驳斥了这一结论，认为高质量的葡萄酒将继续在欧盟3个优质产区生产，尽管法国的勃艮第、德国的莱茵高和罗纳河谷等产区的温度已经超过了图6.1所示的温度上限。

考虑到不同产区的气候变化趋势不同，种植者在选择地点、品种和管理措施方面有很大的灵活性，利用全球环流模式来预测未来葡萄酒产区是否能够成功栽培葡萄显然是值得商榷的。尽管如此，目前许多葡萄种植者仍非常关注气候和天气的变化，特别是在炎热和干燥的葡萄酒产区。例如，澳大利亚的葡萄种植者正在考虑选用全球较温暖地区培育出来的酿酒葡萄品种，如意大利南部（包括西西里岛）、伊比利亚半岛、希腊、格鲁吉亚和阿塞拜疆等地的葡萄品种。此外，随着利用山平氏葡萄和冬葡萄杂交[*Vitis champini* × *V.berlandieri*]育成的砧木品种如1103P、140Ru、110R和新砧木如澳大利亚联邦科学与工业研究组织（CSIRO）砧木育种计划培育出的默宾5489、默宾5512和默宾6262等抗性砧木的使用，抗旱和耐盐碱砧木使用变得越来越普遍。考虑酿酒葡萄品种是否合适的另一个主要问题是葡萄早熟和缩短收获时间，该问题将在下一节讨论。

（2）物候变化

在世界各地，气候变暖的一个显著影响是葡萄的生命周期进展加快，葡萄成熟更早。以澳大利亚为例，Petrie和Sadras（2008）发现根据葡萄酒产区和酿酒葡萄品种不同，葡萄的采收日期在1993—2006年期间，每年平均提前了0.5～3.0 d。Webb等（2011）1985—2009年在澳大利亚12个产区的酿酒葡萄品种中，使用成熟时间而不是采收时间（这可能受到生理以外的因素影响）作为观测指标，也发现了成熟时间缩短的类似趋势。唯一例外的是澳大利亚西部的玛格丽特河，那里在过去的34年里没有明显的变暖趋势。物候的平均提前时间与观测周期有关，1993—2009年其提前的速度越来越快。

如图7.1所示，红葡萄品种成熟期提前比白葡萄品种更明显。这就面临一个收获期缩短的问题，不同的葡萄品种可能会在相同的时间成熟并等待收获。

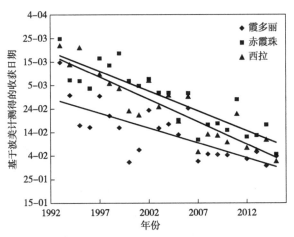

图7.1　澳大利亚葡萄园中赤霞珠、西拉和霞多丽的成熟期提前及收获期缩短
（最佳拟合线显示了收获时间的改变速率）

［本图根据Petrie和Sadras（2016）重新绘制，并获得澳大利亚葡萄酒工业技术大会许可］

温度对果实成分也有很大的影响，温度升高加快了糖积累和酸降解的速度，果实中主要风味化合物的浓度也会发生改变。如果气候对某一特定品种来

说过于温暖，葡萄的风味和颜色化合物的形成可能会与糖的积累相脱离，从而导致葡萄酒中乙醇含量过高（Sadras和Moran，2012）。例如，图7.2显示了在较高温度条件下，西拉葡萄中与果糖含量相关的花青素含量的降低。

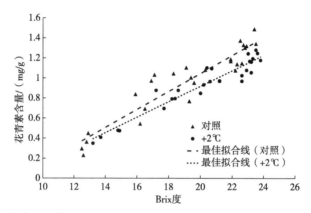

图7.2　较高温度（+2℃）（3.6℉）对西拉葡萄花青素含量和可溶性全固形物（糖度）之间关系的影响（最佳拟合线表示平均趋势）

[资料来源：本图根据澳大利亚阿德莱德南澳发展研究所Victor Sadras博士
提供的数据重新绘制]

7.1.3　气候变化与土壤健康

气候变化对土壤健康的直接影响主要包括对土壤有机质（SOM）含量（增加、减少或保持不变）和水分有效性的影响，具体包括以下内容：

- 升高的CO_2浓度可能增强光合作用，促进葡萄和覆盖作物的生长，从而导致更多的植物残余物被返还到土壤中。
- 较高的平均温度可能增加土壤呼吸速率，将可能增加土壤碳的损失。
- 降雨量的变化可能会直接增加或减少葡萄和覆盖作物的生长，并间接影响灌溉用水的供应。

气候变化对葡萄园土壤有机质的影响很难进行概括，因为任何一个地点的纯效应都取决于上述因素、土壤类型、养分输入（尤其是氮）和葡萄园管理等方面的复杂交互作用。正如第三章中"土壤有机质"所讨论的，如果对土壤有机质的纯效应是正向的，那么对养分循环、土壤结构和微生物活性的影响也将是正向的。在砂质土壤中，土壤有机质的正效应可直接提高土壤的持水能力。

关于水分，正如早先在"全球气候变暖和极端天气事件的发展趋势"中指出的那样，根据全球环流模式预测，未来将会出现更长时间的和更严重的干旱、更多的极端降雨事件和不断增加的潜在蒸散。更频繁的极端降雨事件可能会增加侵蚀风险，特别是在清耕栽培的葡萄园，会导致土壤流失、土壤有机质和养分的损失。冬季降雨量的减少和灌溉水的有效性可能导致根区盐碱化的增加和碱性底土的形成（见第五章的"保持盐平衡"）。

气候变化对土壤健康的间接影响可能是特定地点土传病虫害种类的变化以及森林火灾风险（频率和强度）的增加，这些都会减少地面覆盖和土壤有机质含量，并增加土壤的易侵蚀性。

7.1.4　气候变化对新建葡萄园选址的影响

新建葡萄园在选址时要做长远考虑（>50年），酿酒师应该考虑以下几个重要因素再做关键决策。在第四章的"土壤健康的直接评价——准备工作"中，我们讨论了新建葡萄园选址所需的土壤信息。选址时考虑气候和与气候相关的问题主要包括以下几个方面。

（1）新地点目前的气候和风险

附近的天气和气候数据可以用来了解温度特征（1月/7月平均温度和平均生长季温度），可以与其他已建成葡萄园的产区进行比较。气候数据应该从降雨可靠性、相对湿度（真菌病原体感染风险）、霜冻、热浪发生率和干热风等衍生而来的其他风险进行评估，确定这些气候数据如何与世界上其他同类气候（类似气候）的关联，以及该气候条件下适宜的酿酒葡萄品种和葡萄酒风格是什么。

（2）未来气候变化预测

从20世纪初到现在，全球平均气温上升了约1.1℃（2℉）；对2030年、2050年和2100年的预测结果显示了气候变暖的总体趋势（IPCC，2014）。因为温度是影响葡萄生长和发育的主要环境因子，影响葡萄和浆果的许多生化过程，气候变化的预测应考虑被纳入到制定商业模式的影响因素中。最有用的预测指标是温度，如果可能的话，还应包括某个葡萄园潜在新址的降雨指标。

（3）水分有效性、获取、储存和土壤-水平衡

水分对葡萄的生长和树体平衡、果实质量与产量都非常重要（见第六章的"土壤水分管理"）。环境湿度、降雨频率和时间、土壤持水能力和蒸散速率等因素都会影响一个产区的整体水分平衡。气候因素需要与新建葡萄园的土壤属性结合起来进行考虑，以确定新建葡萄园的灌水需求量并制定灌溉方案。这需要进行如第四章中"土壤健康的直接评价"所述的详细土壤调查。

（4）酿酒葡萄的品种选择

对消费者偏好和市场的了解可以指导我们选择最适合的葡萄品种、优系和砧木。我们在第六章"气候影响"中详细讨论了该问题。

（5）行向、架式和不同的叶幕管理技术

在世界上许多葡萄酒产区，南北行向种植葡萄很常见。然而，由于白天入射辐射的不同，一行中西侧果穗与东侧果穗的热特性有很大的不同。在温暖到炎热和阳光充足的气候条件下，在决定新建葡萄园的行向时，应考虑保护果穗免受过度暴晒。对于垂直新梢固定架型（VSP）和其他具有垂直叶幕的架型系统，应考虑在南半球使用西北—东南（NW—SE）行向或在北半球使用东北—西南（NE—SW）行向。这样做的目的是使每天的太阳轨迹位于叶幕的顶部，从而减少果穗气温的直接上升，特别是在下午。此外，还应考虑能够提供更多直接辐射保护的不同架型和叶幕管理技术，例如，从垂直新梢固定架型或其他垂直架型系统改为更不规则的叶幕类型。种植者还应考虑是否有必要摘除病叶和实施摘叶等果穗日光暴露管理措施。

7.1.5　气候变化对现有葡萄园的影响

尽管种植者知道他们的葡萄园目前的情况，但也应该考虑选择哪些管理技术能够使他们的葡萄园适应气候的变化。这些内容将在下面进行讨论。

（1）架式的选择、修剪和叶幕管理

如前一节所讨论的，应考虑采用不同的架式系统和叶幕管理技术，以提供更多的保护使果穗免受太阳入射辐射伤害。叶幕管理的目标应该是达到理想的果穗日光暴露程度，从而既可以改善浆果组分又有利于病虫害控制。通过叶片遮光可以避免果穗过多的日光暴露（见小贴士6.1）。越来越多的种植者使用

了"防晒"产品，例如，高岭土作为叶面喷剂喷洒到葡萄上可以减少可见光的吸收，反射紫外线和红外线，并减少蒸腾损失。

（2）葡萄行间和葡萄行内的管理措施

葡萄园的行间是热量的来源，因为它的表面积更大，而且没有遮阴，所以它反射到叶幕上的热量比葡萄行内土壤反射的更多。裸露土壤的葡萄园与行间有残茬或修剪过的草皮和藤蔓覆盖的葡萄园相比，往往会遭受更多的热伤害。在整个葡萄生长季节，种植者应该考虑在行间种植覆盖作物或保持有草皮覆盖。在降雨量少的地区，覆盖作物可以在春天割刈或撒覆到地表，以避免与葡萄争夺水分。行间植被修剪下的残余物可以铺在葡萄树下，既可以提供树下覆盖又能改善土壤的生物学特性（见第五章的"覆盖物与土壤健康"）。

（3）灌溉和土壤管理措施

种植者应该在生长季节的早期就灌溉足够的水，以确保整个生长季节都能保持合理的叶幕，并保护果穗免受过多的暴晒。如果实行调亏灌溉（见第六章"灌溉条件下葡萄的土壤水分管理"），并且预测有极端高温事件发生，应停止调亏灌溉措施，并灌溉到土壤的田间持水量。在热浪期间灌溉可以最大限度地利用蒸腾降温，如果之后继续灌溉，则可以防止藤蔓受损（Hayman et al., 2012）。

灌溉水的含盐量水平很重要。盐水通过喷灌可能会导致烧叶和落叶，在高度蒸发如热浪发生的情况下，危害会更严重。当供水受到限制或无法供应时，则应考虑采取其他措施保持土壤水分，例如，修剪行间的草皮并用残余物覆盖地面，或在树下区域施用堆肥等覆盖物。如果使用覆盖物，滴管线应该位于覆盖物下面。

改善土壤结构，以消除底土板结造成的障碍，既能增加土壤的蓄水能力，又能增加葡萄根系可伸长的土壤体积。这可以通过深耕以打破板结层，让葡萄扎根更深，更能适应干旱（见第五章"有效土壤深度"）。

7.2 酿酒葡萄可持续种植

7.2.1 所涉及的内容

近年来，关于"可持续性"的文章层出不穷，以至于它的含义变得相当模糊。可持续性有6个重点程度不同的核心组成部分，它们是酿酒葡萄可持续种植计划的基础，具体可参照第四章"土壤健康评价"。图7.3是这些核心组成部分的示意图。

　　大致来说，我们认为图7.3右边部分的内容构成了可持续性的生物物理方面。到目前为止，本书讨论了如下这些内容。

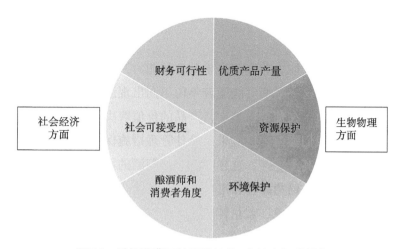

图7.3　酿酒葡萄可持续种植的6个核心组成部分

- 可持续性的概念应该放在一个时间框架内。我们通过区分土壤健康的内在和动态因子来体现这一点（见第二章和第三章），也就是说，区分在葡萄生命周期中不能改变的因子和可以改变的因子。通过葡萄园地点的选择以及该地环境与适宜品种的相互作用，可以使葡萄园的气候、地质、土壤和地形的内在因子与该葡萄园的商业活动相吻合（见第六章）。

- 土壤健康的动态因子可以很快改变，因此在第四章中，我们回顾了评价土壤健康的各种规程。这一步骤是企业是否可持续发展的先决条件。在此评价的基础上，我们在第五章讨论了如何使用各种管理措施来保持或改善土壤健康。

- 第六章讨论了土壤健康的内在和动态因子的重要性及改进措施，尽可能地改善葡萄生长、果实组分和葡萄酒品质。

- 在下面的部分中，我们将讨论图7.3左边的组成部分，我们称之为社会经济方面的可持续性。然而，生物物理和社会经济组成部分之间显然存在着需要探讨的相互作用，例如，生产高质量产品与财务可行性之间，以及保护环境与社会可接受度之间的相互作用。

● 酿酒葡萄可持续种植计划旨在为葡萄种植者提供参考，以对图7.3中列出的可持续核心组成部分进行不断改良。因此，分别从酿酒师和消费者的角度来审视这些计划的结果是很重要的。

7.2.2　可持续发展的核心组件（可持续种植所涉及的内容）

（1）生产和财务可行性

葡萄种植业的生存能力首先取决于其盈利能力，也就是说，产品收入必须超过生产成本。虽然这一平衡可能随着年份不同出现波动，但可持续性的基本要求是总体上为正值。在葡萄种植中，产品的价值取决于产量、质量和市场接受度。在本书中，我们强调，通过采用最佳管理措施保持健康的土壤，将能够长期保证优质果实的高产稳产。这样酿制的葡萄酒的可接受度还在不同程度上取决于酿酒师的技术、葡萄品种和市场趋势。

近年来，随着"非传统"栽培体系的发展，人们开始将传统生产的葡萄酒与有机和生物动力葡萄酒进行比较。一般来说，有机和生物动力栽培模式的葡萄产量低于传统栽培模式（Doring et al.，2015），而且由于这些栽培模式规模较小，劳动力成本较高，因此生产成本更高。如果有机葡萄酒和生物动力葡萄酒凭借其优越的感官品质而获得高额的溢价，则可以抵消这一劣势（见第六章的"生物动力和有机葡萄酒的味道"）。然而，Collins和Penfold（2015）指出，溢价并不总是能够抵消生产成本的增加，这一点在对新西兰葡萄酒庄的一项"可持续"与有机葡萄酒调查结果中也得到了证实（Gabzdylova et al.，2009）。

从可持续发展的角度来看，有机和生物动力栽培模式可能比传统栽培模式更有优势，因为它们能更好地保持土壤健康，对环境的影响较小（见下一节）。然而，正如我们在第五章的"最终评论"中所强调的，这些优点中的第一个取决于土壤养分的输入是否平衡了产品的产出和土壤的损失，而生物动力葡萄栽培模式并不总是能做到这一点。

（2）资源利用与生产

1）土壤资源

在第五章的"基于土壤健康的葡萄栽培管理"一节，我们强调了使土壤物理、化学和生物属性保持在最佳条件下的重要性。有机葡萄园通常表现出最好的生物条件，例如，土壤有机质含量增加，微生物生物量和多样性增加，真菌与细菌比值高（见第五章的"有机栽培模式的效果"）。然而，这种理想的土壤健康结果可以在任何栽培模式中实现，方法是注重增加土壤有机质，改善土壤结构，确保养分投入与产出和损失相平衡，以及防治病虫害。在第四章中，我们强调通过一系列土壤和植物测定监测土壤-葡萄适合度的重要性，提出了可以测量的土壤因子的最小数据集（见"土壤健康指标的推荐数据库"）。同样重要的是进行初始土壤调查，以确定新建葡萄园和现有葡萄园的初始条件。

2）水资源

为了可持续发展，从葡萄园和酿酒厂的水分利用到水分对土壤和葡萄树可能产生的不利影响以及废水管理的角度来看，水分都是一种重要资源。尽管葡萄园用水是灌溉葡萄园主要关注的问题，但在任何葡萄园中，无论是灌溉葡萄园还是旱作葡萄园，有些操作如覆盖减少土壤蒸发都很重要（见第五章"覆盖物与土壤健康"）。每公顷的灌溉用水量根据区域气候和种植者的产量目标、是否采用了节水措施，如部分根区干旱、调亏灌溉或持续亏缺灌溉，以及用水方法有很大的不同（见第六章"灌溉条件下葡萄的土壤水分管理"）。

澳大利亚的葡萄种植严重依赖灌溉，2007—2008年，88%的葡萄园采用灌溉措施（澳大利亚统计局，2018年）。在此期间，南澳大利亚州的葡萄酒产量是所有州中最多的，而平均用水量（2.7 ML/hm^2）却是最低的，这可以作为整个行业的效率基准。然而，必须谨慎对待这样的数字，因为葡萄园管理者会漏报用水量（Baird et al., 2018）。

灌溉措施与水质相互作用是影响葡萄栽培可持续性的重要因素。在第五章"土壤水分平衡、水分有效性与淋溶"中，我们讨论了长期使用EC>0.8 dS/m的灌溉水时保持盐平衡的必要性。此外，高钠吸附比的水可能会导致黏土的交换性钠含量超过临界值6，从而导致土壤结构失稳。交换性钙镁比<2时也不利于土壤结构的稳定性。

在澳大利亚、南非、西班牙和加利福尼亚的一些葡萄酒产区，用于灌溉的淡水供应越来越有限。出于该原因和环境其他原因，人们的注意力集中在废水的使用上，包括回收的污水处理厂或酿酒厂废水，如第五章"废水利用"中的相关讨论。我们指出了盐分的浓度和组成以及BOD可能对这类水体造成的限制。废水是否可以与优质的水混合以及土壤盐度和土壤结构管理，将决定使用废水对葡萄酒企业可持续性发展的影响（见第五章"维持盐平衡"）。定期监测相关的水和土壤性质对这类葡萄园管理非常重要。

酿酒厂的另一个副产品是葡萄榨渣，由葡萄皮、茎和种子组成。在葡萄园中使用葡萄榨渣堆肥产物有助于可持续发展。理想情况下，葡萄榨渣、粪肥和树皮等木质材料应该等量混合，并定期翻堆以保持通风状况良好，尽量减少气味。然而，葡萄榨渣堆肥产物可能不适用于由伊利石发育的黏质土壤，因为这些土壤含有高量速效钾（见第三章"晶格电荷"），该堆肥产物可含2% ~ 3%（按重量计）的钾（Australian Wine Research Institute，2018b），过多的钾含量可能会产生以下3个不良影响：

● 增加葡萄汁的pH和钾浓度，后者影响红葡萄酒颜色的稳定性。
● 交换性K^+对土壤颗粒的分散作用类似于Na^+离子，但没有Na^+离子严重，可能导致土壤结构不稳定（见小贴士3.4）。
● 土壤中速效钾含量高可能会抑制葡萄对镁的吸收。

（3）能源使用

能源是在可持续性发展下需要考虑的另一种重要资源。由于其涉及许多因素，Longbottom和Abbott（2018）在2016—2017年对澳大利亚葡萄酒环保认证体系（Entwine Australia）成员的样本进行调查后表示，葡萄园的能源使用可以作为整体可持续发展的一个指标。低能耗企业更可能降低每公顷的生产成本，更有效地使用灌溉用水，生产每吨葡萄产生的温室气体更少，因此这些企业发展可持续性更强。其他研究（如Retallack，2018）认为，生物多样性对于实现葡萄栽培的"生产稳定性"和恢复力很重要。葡萄园内外的环境健康（生物多样性）与葡萄生产力之间显然存在着相互作用，我们在小贴士7.1中讨论了这一点。

小贴士7.1　生物多样性与酿酒葡萄可持续种植如何关联？

"生物多样性"一词指的是自然生态系统或农业生态系统的生物多样性，如葡萄园。生物体的种类越多，其基因库、物种数量和功能特征越多，该系统的生物多样性就越丰富。高度的生物多样性系统可以抵消负面影响，无论是自然的还是人为的，因此被认为更具适应性和弹性。生物多样性还通过丰富的昆虫天敌以及刺激有机质周转和养分循环的自然过程来为生态系统提供服务。提高葡萄栽培中生物多样性的方法包括以下几个方面。

- 保持行间覆草，最好混合种植，以吸引寄生蜂和授粉者。在图5.11中，我们给出了一个在新西兰葡萄园行间种植荞麦的例子，以吸引食蚜蝇捕食卷叶蛾。
- 尽量减少使用除草剂来控制行间和葡萄行内的杂草，如小贴士5.12所述。
- 在葡萄种植行间使用覆盖物和堆肥产物，以促进各种土壤微生物的积累。
- 保留本地植被残体，为有益的本地昆虫提供栖息地。

　　最近一项对几个国家多个葡萄园的研究发现，与所谓的"集约化"管理相比，行间草皮覆盖管理通常有利于生物多样性，因为集约化管理采用清耕和使用除草剂来控制杂草（Winter *et al.*，2018）。草皮覆盖的其他显著效果还包括减少水土流失、增加碳封存（通过土壤有机质积累）和防治虫害。除了没有灌溉的葡萄园在干旱气候下产量和品质有预料中的下降外，草皮覆盖对葡萄产量和品质没有一致的影响。在干旱情况下，作者建议对行间植被进行管理，以尽量减少土壤水分的耗竭，他们提出了一个不同寻常的建议，即制定农业环境政策，为在葡萄园中种植适应当地多样化的植被提供补贴——这无疑是欧盟的解决方案。

　　总而言之，增加生物多样性的主张与我们的综合葡萄园系统的概念是一致的，在这个系统中，土壤健康通过有机物质积累、养分和水分管理以及活跃的土壤生物学特性构建等最佳栽培管理措施的集成来提升（参见第五章的概述）。

　　Longbottom和Abbott（2018）通过对美国、意大利、法国和丹麦中、小酒厂的调查，得到的假设是，可持续的企业更具适应性（Tyler *et al.*，2018）。采用可持续生产方式的小企业比那些不采用可持续生产方式的小企业更有可能获得更好的经济效益。

（4）葡萄种植与环境

1）积极效应

可持续发展的一个关键标准是葡萄酒种植是否对环境有积极作用和最小的负面影响。在这个标准上有机和生物动力栽培模式评价良好，原因如下。

- 在经过认证的有机和生物动力栽培模式中，禁止使用合成肥料、杀虫剂和除草剂，因此减少了硝酸盐和残留化学品进入更大范围环境中的机会。
- 有益昆虫和其他有机体的种群不会受到农药的不利影响，从而保持了环境中的生物多样性（Mader *et al.*，2002）。小贴士7.1讨论了生物多样性的概念及其对葡萄园和环境的积极作用。
- 土壤碳通过土壤有机质的形成而被固存，减少或抵消了导致全球变暖的CO_2的排放量，至少对葡萄园的生命体来说是一种碳排放补偿。

2）消极效应

杂草控制是许多有机和生物动力栽培模式葡萄园面临的问题，杂草需要刈割或耕作清除。正如Johnston（2013）所报道的那样，与传统葡萄园相比，有机栽培模式葡萄园在土壤生物功能方面的一些优势在耕作时丧失了。例如，根据对意大利、法国、斯洛文尼亚和土耳其选定的有机栽培模式葡萄园的测量，Priori等（2018）发现，与堆肥、绿肥和干草覆盖处理相比，耕作减少了土壤碳。值得注意的是，如果堆肥产物和覆盖物从另一个地点引入，则不会抵消净CO_2排放，因为葡萄园的碳收益与另一个地点的有机物损失相平衡。耕作还会破坏土壤结构，因此，在土壤水分允许的情况下，首选覆盖作物，最好是永久性的，并延伸到葡萄种植行内。

正如我们在第五章"传统栽培模式"中所述，不管有机和生物动力栽培模式的环境效益如何，传统栽培模式通过改进并应用其他栽培模式的最佳操作措施，通常被称为"综合栽培模式"，也可以达到类似的"可持续性"目标。最佳操作综合模式的一个关键方面是定期监测"土壤-葡萄-环境"系统的健康状况。

3）生物安全性

可持续酿酒葡萄栽培对生物安全的关注度日益增加，不仅因为它对生产力的影响，而且还因为它通过引进非本土有害生物而对环境造成的影响。施行严格的生物安全措施对葡萄酒旅游业有影响，这一问题将在下一节中讨论。

（5）酿酒葡萄种植和社会可接受度

在欧洲，尤其是在法国，葡萄园是传统景观的重要组成部分。例如，在法国起草的《丰特弗洛宪章》（*Fontevraud charter*）提倡"从审美、文化、历史和科学等方面了解和理解葡萄栽培景观的演变"（Rochard *et al.*，2008）。此外，即使葡萄树因过度生产而被废弃，也应该保护葡萄栽培景观。美洲大陆国家往往没有这种历史传统，葡萄种植必须与其他土地用途竞争，包括农业、娱乐、环境保护甚至城市扩张。

推广可持续栽培的做法是缓解当地居民对土地和水资源竞争以及种植对环境影响担忧的一种方式。酒庄通过"生态标签"和酒窖销售培训他们客户的方式，宣传他们对可持续发展的承诺，而且后者是中小型酒庄的重要收入来源。然而，对加州和新西兰的调查发现，尽管消费者认同葡萄可持续种植的概念，但他们对需要做什么以及如何实现这一目标知之甚少（Baird *et al.*，2018）。因此，如果要让葡萄种植者相信可持续管理措施对其业务的好处（见后述的"酿酒葡萄种植者和葡萄酒消费者对可持续发展的态度"），行业组织将需要更多地从消费者的角度而不是从行业定义的角度来制订其可持续发展计划。

（6）酿酒葡萄种植者和葡萄酒消费者对可持续发展的态度

对新西兰可持续酿酒葡萄种植协会（SWNZ）成员的调查结果展示了生产商对可持续发展的态度（Baird *et al.*，2018）。自1997年第一次调查以来，成员们对新西兰强制执行的可持续发展措施的态度相当冷漠，2015年，有81%的受访者不认同可持续发展管理措施对新西兰葡萄酒产业的重要性。如表7.1所示，会员资格的比例和其他指标是表征生产者对可持续发展计划态度的指标。数据表明，可持续发展计划的推动者要说服生产者相信这对他们的业务有好处，还有一段路要走。然而，鉴于公众对废物管理、污染、能效和气候变化等环境问题的日益关注，以消费者为中心的可持续发展计划在未来应该会蓬勃发展。

表7.1 葡萄酒生产商对葡萄酒行业可持续发展计划认可度的指标

可持续发展计划	会员资格的比例/%（占符合资格人数的百分比）	葡萄园面积/%	占全国压榨量百分比/%	数据来源
新西兰酿酒葡萄可持续种植	37.7	—	—	2015调查（Baird *et al.*，2018）

（续表）

可持续发展计划	会员资格的比例/%（占符合资格人数的百分比）	葡萄园面积/%	占全国压榨量百分比/%	数据来源
澳大利亚葡萄酒环保认证体系（现澳大利亚酿酒葡萄可持续种植计划）	—	30	30	澳大利亚葡萄酒研究院（2018a）
加州酿酒葡萄可持续种植计划	—	22	74	加州酿酒葡萄可持续种植联盟（2018）

7.3　土壤健康和风土

7.3.1　风土的概念

葡萄酒风土是一个内涵丰富的概念。Barham（2003）指出，在法国，风土可以决定一个特定地区的法定产区葡萄酒等级（AOC）地位，它包含以下3个宽泛的标准：

● 自然因素：与环境相关的自然因素（有时称为"禀赋"）。
● 人为因素：指该产区葡萄园和酿酒厂使用的技术（有时被称为"技术"）。
● 历史因素：来自该地区悠久的公众广泛认可的葡萄酒传统。

一个更严格的概念是，风土是关于葡萄与环境的互动，是一个生态系统的概念（van Leeuwen *et al.*, 2016）。Hunt（2015）赞同这种观点，他认为，一个定义的成功与否取决于它对一个概念的界定的有效性，如果把风土的含义扩展到包括所有当地的影响（地理和文化）就会大大降低它的有效性。与这一概念相一致的是，一些酿酒师坚信"大自然应该会起作用"，酿酒师对酿酒过程的干预应该最小化。生物动力和有机栽培模式从业者支持这一概念，声称他们的模式允许其所在地的自然禀赋（风土）充分表达。然而，这没有理由不适用于传统栽培模式中健康土壤上种植的葡萄树。

相反，Moran（2006）否定了产区的影响，认为风土是一种"社会结构（social construction）"，强调人在塑造环境中的充分作用，这是上述提到的人为因素的另一种表述。两位经济学家（Gergaud和Ginsburgh，2008）通过复杂的数学分析得出结论，"风土"更依赖于技术而不是自然禀赋，尽管他们承认技术选择可能依赖于自然禀赋。

目前，葡萄酒行业的大多数人都同意生物物理因素（主要是地质、土壤、气候和景观）在决定一个产区风土的重要性，这将在下一节进行讨论。

风土组成

风土组成在不同尺度上是不同的，所以定义一种风土的时候需要清楚其在该尺度上的组成变化。虽然整个地区的宏观气候可能是相同的，但在该地区内，中尺度气候可能会随着海拔与水体的接近程度和地貌特征（坡度和坡向）的不同而变化。在中尺度气候带内，土壤可以在几米的尺度上变化，这已通过近端传感（如EM38调查）和土壤剖面坑观测得到证明。通过精准栽培来克服或利用这种局部范围变异，将这种变异性考虑在内，可以合理地指导土壤和叶幕管理、病虫害控制和收获期选择（Proffitt *et al.*，2006）。

一般来说，一个产区的风土取决于气候、土壤和地形地貌的相互作用。一个典型的例子是，西拉葡萄酒中与不同含量香味化合物莎草酮有关的独特胡椒味和该产区风土条件相关（见小贴士7.2）。

小贴士7.2　西拉葡萄中与独特风土相关的莎草酮含量

2005年前后，澳大利亚葡萄酒研究院（Australian Wine Research Institute）在葡萄中发现了一种微量化合物莎草酮，正是这种化合物使一些凉爽气候下的西拉葡萄酒具有独特的"辛辣"和"胡椒"风味。莎草酮是一种来自葡萄果实中的化合物，位于果皮中，感官阈值很低（在水中为8 ng/L，在葡萄酒中为16 ng/L）。莎草酮在其他葡萄品种中也有发现，如绿维特利纳（Gruner Veltliner）和杜拉斯（Duras）。澳大利亚维多利亚州的格兰皮恩斯地区（Grampians）以生产具有独特的"辛辣"和"胡椒"风味的西拉葡萄酒而闻名，这种风味与葡萄果实和葡萄酒中较高比例的莎草酮含量有关。这一特点在许多葡萄酒市场中都被认可，并被认为唤起了凉爽气候下澳大利亚西拉葡萄酒的风土气息。

对格兰皮恩斯产区（兰吉伊朗山Mount Langi Ghiran ——栽培西拉的老产区）的一个西拉葡萄园的研究表明，葡萄园内葡萄果实莎草酮含量具有明显的空间变异，并与葡萄园土地（地形和土壤）的变异密切相关（图B7.2.1）。在3个生长季之内，莎草酮的变异性随着时间的推移是稳定的，尽管莎草酮的平均浓度在不同季节之间差异高达40倍。在这个气候凉爽的产区，莎草酮的浓度似乎随着葡萄和葡萄果穗日光暴露而减少，但随着收获期的延迟而增加。这个发现支持了风土的概念，研究人员正致力于了解什么土壤因子可能导致这种变化。变异的空间模型和季节效应的影响等相关知识使葡萄种植者能够通过不同策略，如选择采收时期的早晚和其他有针对性的葡萄园管理措施，更好地控制最终的葡萄酒风格，从而生产出凉爽气候下优质的"胡椒味"西拉葡萄酒。

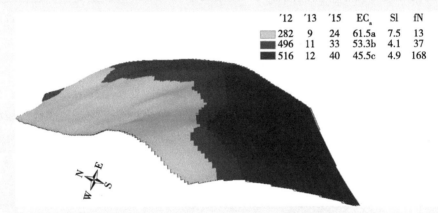

图B7.2.1　在3个生长季［2012年（'12）、2013年（'13）和2015年（'15）］，维多利亚格兰皮恩斯产区（Grampians region，Victoria）的一个6.1 hm²的葡萄园中，土壤因子（EC_a）、坡度（SI）、坡向（以北纬度表示，fN）和莎草酮含量之间的相互作用。［北箭头的位置是近似位置。这里EC_a表示原土的电导率（mS/m）（见第四章"土壤健康的直接评价——准备工作"）。图例中的数字是使用k均值聚类对每个属性的各个地图层进行聚类时获得的聚类均值；EC_a下面的不同字母表示统计学差异显著（$P=0.05$）］

［资料来源：本图由Rob Bramley博士（CSIRO）根据Scarlett等（2014）和Bramley等（2017）的数据绘制］

我们指定的是土壤而不是地质，因为正如在小贴士6.4中所讨论的，从岩石中吸收矿物离子并不直接影响葡萄酒的味道。此外，法国波尔多学派的科学家Seguin（1986）认为，梅多克土壤特殊的供水特性，加上温和的海洋性气候，共同形成了该地区著名的"一级酒庄"（First Growths）的独特风土条件。此外，"微生物风土"学派的支持者认为，一个产区地上或地下的微生物群落组成是确定该产区葡萄酒风土的唯一因素（见第六章"土壤微生物群落"）。

许多人认为气候对风土有着决定性的影响，例如，Smart（2001）通过气候同源性概念来选择葡萄园建在哪里和种植什么品种；同样，Gladstones（2011）也提出了"生物有效"度日的概念。然而，其他人，如葡萄酒作家Goode（2018）认为，就风土而言，"土壤胜过气候"。Goode写道："如果你没有极好的土壤，不管你的葡萄栽培和酿酒技术有多高超，你也无法酿造出好葡萄酒。"Goode并没有试图去定义一个"极好的"土壤。我们也不尝试去做这样的定义，因为种植酿酒葡萄土壤的优良程度，应由气候（特别是中尺度气候）与下列土壤属性决定：

- 土壤内在因子（第二章）。
- 土壤动态因子（第三章）以及土壤监测程度（第四章）。
- 适当的土壤管理措施和连续性（第五章）。
- 土壤因子和产出果实质量之间关系的紧密程度（第六章）。

7.3.2　风土小结

考虑到风土的不同概念及其组成，人们可能会问这样一个问题：风土与土壤健康的相关程度如何？答案很简单：不大。勃艮第"强风土"的例子（见第六章的"土壤微生物和风土"）提出了一个问题：在一个特定的产区，葡萄栽培的可持续性如何？如果土壤健康没有按照前几章所述的管理措施来保持，那么该产区生产的特有葡萄酒是否会长期维持这种状态？即使宏观气候如气候变化预测的一样，是否需要采取补救措施以确保土壤条件保持稳定？随着气候变暖可能导致不同的局部效应，正如前面在"气候变化对葡萄栽培和葡萄酒的影响"一节中所讨论的，现有品种可能不再适合当地种植，需要种植新的品种。在这种情况下，一个产区的风土条件很可能会改变，并可能不会像以前那样独特。

7.4　总结

自20世纪以来，由于地球大气中CO_2和其他温室气体浓度的增加，全球地表平均温度上升了大约1℃（1.8℉）。直到1999年，温度的升高，特别是葡萄的平均生长季温度（GST）的升高，提高了特别是在凉爽的法国和德国葡萄酒产区的葡萄品质。然而，由于模型预测气温将进一步升高，并会出现降雨变化和如热浪等更极端的天气事件，因此从温暖到炎热地区的种植者正在考虑采取各种措施以避免、缓解和适应这些变化。这些措施包括：通过种植比现有品种更耐高温的品种以避免高温危害；通过选择架式设计和行向来减少果实日光暴露；对叶幕进行管理，在向阳面增加果实遮阴，并使用果实"防晒剂"；采用行间生草管理；在热浪来临之前和热浪来临期间及时浇水；采用土壤管理措施以提高土壤保水能力和促进葡萄根系下扎。

与应对气候变化密切相关的是使葡萄酒在未来更可持续发展和葡萄酒企业更有适应性的战略。可持续性包括生物物理方面，如优质产品产量、资源保护（主要是土壤和水）和环境保护，以及社会经济方面，如财务可行性、社会可接受度以及酿酒师和消费者的态度。我们讨论了可持续性每个组成部分的核心要素以及它们之间的相互作用。葡萄酒消费者认同可持续发展的概念，但大多数人不知道它意味着什么。在一些国家，大多数葡萄酒生产商并不认为行业强制实施的可持续发展计划对他们的业务有显著好处。这表明，可持续性的基本原则应该更多地从消费者的角度出发，然后顺利地反映到生产者一方。

气候、土壤和地形地貌相互作用决定了当地的风土，气候变化和酿酒葡萄可持续种植的实施对世界公认的葡萄酒风土的延续有影响。在个别产区、子产区或单个葡萄园，风土可能会发生变化。然而，种植者适应气候变化的最佳方法是尽可能密切地观察气候和土壤健康的关键指标，看这些指标是如何变化的，以及如何应对这种变化。

参考文献

Australian Bureau of Statistics, 2018. Water Efficiency in South Australia's Vineyards. ABS, Canberra, <www. abs. gov. au>.

Australian Wine Research Institute, 2018a. Fact sheet Entwine Australia. AWRI, Adelaide, <www. awri. com. au>.

Australian Wine Research Institute, 2018b. Using composted grape marc in the vineyard. *The Australian & New Zealand Grapegrower & Winemaker* 656, 48-49.

BAIRD T, HALL C M, CASTKA P, 2018. New Zealand winegrowers attitudes and behaviours towards wine tourism and sustainable winegrowing. *Sustainability* 10, 797-820. doi: 10. 3390/sul0030797

BARHAM E, 2003. Translating terroir: the global challenge of the French AOC labelling. *Journal of Rural Studies* 19, 127-138. doi: 10. 1016/S0743-0167（02）00052-9

BRAMLEY R G V, SIEBERT T E, HERDERICH M J, *et al.*, 2017. Patterns of within-vineyard spatial variation in the pepper[5] compound rotundone are temporally stable from year to year. *Australian Journal of Grape and Wine Research* 23, 42-47. doi: 10. 1111/ ajgw. 12245

BUREAU OF METEOROLOGY, 2018. Climate records. Bureau of Meteorology, Melbourne, <www. bom. gov. au/climate/change/#tabs=Tracker&tracker=global-timeseries>.

California Sustainable Winegrowing Alliance, 2018. Website. California Sustainable Winegrowing Alliance, San Francisco CA, USA, <www. sustainablewinegrowing. org>.

COLLINS C, PENFOLD C, 2015. 'The relative sustainability of organic, biodynamic and conventional viticulture'. Final report to the Australian Grape and Wine Authority UA 1102. University of Adelaide, Adelaide.

DORING J, FRISCH M, TITTMANN S, *et al.*, 2015. Growth, yield and fruit quality of grapevines under organic and biodynamic management. *PLoS One* 10, e0138445. doi: 10. 1371/journal. pone. 0138445

GABZDYLOVA B, RAFFENSPERGER J, CASTKA P, 2009. Sustainability in the New Zealand wine industry: drivers, stakeholders and practices. *Journal of Cleaner Production* 17, 992-998. doi: 10. 1016/j. jclepro. 2009. 02. 015

GERGAUD O, GINSBURGH V, 2008. Natural endowments, production technologies and the quality of wines in Bordeaux. Does terroir matter? *Economic Journal（London）* 118（529）, F142-F157. doi: 10. 1111/j. 1468-0297. 2008. 02146. x

GLADSTONES J, 2011. *Wine, Terroir and Climate Change*. Wakefield Press, Adelaide.

GOODE J, 2018. 'Terroir: when soils trump climate'. Wineanorak. com blog, March 2018, <www. wineanorak. com>.

HANNAH L, ROEHRDANZ P R, IKEGAMI M, *et al.*, 2013. Climate change, wine and conservation. *Proceedings of the National Academy of Sciences* 110（17）, 6 907-6 012.

HAYMAN P, LONGBOTTOM M, MCCARTHY M, *et al.*, 2012. 'Managing grapevines during heatwaves'. Fact Sheet, Grape and Wine Research and Development Corporation, Adelaide.

HUNT M, 2015. 'Rebellion and the meaning of terroir'. Jancis Robinson Purple Pages, 9 July, <www. jancisrobinson. com>.

IPCC, 2014. 'Climate change 2014: synthesis report'. Intergovernmental Panel on Climate Change, Geneva, Switzerland, <www. ipcc. ch/report/ar5/syr/>.

JOHNSTON L, 2013. 'Sustainable, organic and biodynamic viticulture. Research to Practice'. Australian Wine Research Institute, Adelaide.

JONES G V, REID R, VILKS A, 2012. Climate, grapes, and wine: structure and suitability in a variable and changing climate. In *The Geography of Wine Regions, Terroir and Techniques*. (Ed. PH Dougherty) pp. 109-133. Springer, Netherlands.

LONGBOTTOM M, ABBOTT T, 2018. Exploring links between sustainability and business resilience. *Australia and New Zealand Grapegrower and Winemaker* 652, 28-31.

MADER P, FLIESSBACH A, DUBOIS D, et al., 2002. Soil fertility and biodiversity in organic farming. *Science* 296, 1 694-1 697. doi: 10. 1126/science. 1071148

MORAN W, 2006. Crafting terroir: people in cool climates, soils and markets. In *Wine Growing for the Future. Proceedings of the 6th International Cool Climate Symposium*. 5-10 February 2006, Christchurch. (Eds GL Creasy and GF Steans) pp. 1-18. New Zealand Society of Viticulture and Oenology, Auckland, New Zealand.

PETRIE P R, SADRAS V O, 2008. Advancement of grapevine maturity in Australia between 1993 and 2006: putative causes, magnitude of trends and viticultural consequences. *Australian Journal of Grape and Wine Research* 14, 33-45. doi: 10. 1111/j. 1755-0238. 2008. 00005. x

PETRIE P R, SADRAS V O, 2016. Quantifying the advancement and compression of vintage. *The Australian & New Zealand Grapegrower & Winemaker* 628, 40-41.

PRIORI S, D'AVINO L, AGNELLI A E, et al., 2018. Effect of organic treatments on soil carbon and nitrogen dynamics in vineyard. *International Journal of Environmental Quality* 31, 1-10. doi: 10. 6092/issn. 2281-4485/7896

PROFFITT T, BRAMLEY R, LAMB D, et al., 2006. *Precision Viticulture: A New Era in Vineyard Management and Wine Production*. Winetitles, Adelaide.

RETALLACK M, 2018. The importance of biodiversity and ecosystem services in production landscapes. *The Australian & New Zealand Grapegrower & Winemaker* 657, 36-43.

ROCHARD J, LASNIER A, HERBIN C, et al., 2008. The Fontevraud charter in favour of the viticultural landscapes. In *Proceedings of the 7th International Congress of Viticultural Terroirs*. 20-23 May 2008, Nyon, Agroscope Changins-Wadenswil, Nyon, Switzerland.

SADRAS V O, MORAN M, 2012. Elevated temperature decouples anthocyanins and sugars in berries of Shiraz and Cabernet Franc. *Australian Journal of Grape and Wine Research* 18, 115-122. doi: 10. 1111/j. 1755-0238. 2012. 00180. x

SCARLETT N J, BRAMLEY R G V, SIEBERT T E, 2014. Within-vineyard variation in the 'pepper' compound rotundone is spatially structured and related to variation in the land underlying the vineyard. *Australian Journal of Grape and Wine Research* 20, 214-222. doi: 10. 1111/ajgw. 12075

SEGUIN G, 1986. 'Terroirs' and pedology of wine growing. *Experientia* 42, 861-873. doi: 10. 1007/BF01941763

SMART R E, 2001. Where to plant and what to plant. *Australian and New Zealand Wine Industry Journal* 16, 48–50.

TYLER B, LAHNEMAN B, BEUKEL K, *et al.*, 2018. SME managers' perceptions of competitive pressure and the adoption of environmental practices in fragmented industries: a multi-country study in the wine industry. *Organization & Environment* 33（3）, 1–27. doi: 10. 1177/1086026618803720

VAN LEEUWEN C, SCHULTZ HANS R, GARCIA DE CORTAZAR-ATAURI I, *et al.*, 2013. Why climate change will not dramatically decrease viticultural suitability in main wine producing areas by 2050. *Proceedings of the National Academy of Sciences of the United States of America* 110（33）, E3051-E3052. doi: 10. 1073/pnas. l307927110

VAN LEEUWEN C, ROBY J P, DE RESSEGUIER L, 2016. Understanding and managing wine production from different terroirs. In *Proceedings of the 11th International Terroir Congress*. 10-14 July 2016, McMinnville.（Eds GV Jones and N Doran）pp. 388–393. Southern Oregon University, Ashland OR, USA.

WEBB L B, WHETTON P H, BARLOW E W R, 2011. Observed trends in winegrape maturity in Australia. *Global Change Biology* 17, 2 707–2 719. doi: 10. 1111/j. 1365-2486. 2011. 02434. x Winter S, Bauer T, Strauss P, Kratschmer S, Paredes D,

WINTER S, BAUER T, STRAUSS P, *et al.*, 2018. Effects of vegetation management intensity on biodiversity and ecosystem services in vineyards: a meta-analysis. *Journal of Applied Ecology* 55, 2 484–2 495. doi: 10. 1111/1365-2664. 13124

扩展阅读

Matthews M A, 2016. *Terroir and Other Myths of Winegrowing*. University of California Press, Oaklands CA, USA.

SWINCHATT J, HOWELL D G, 2004. *The Winemakers Dance: Exploring Terroir in the Napa Valley*. University of California Press, Oakland CA, USA.

Wilson J E, 1998. *Terroir. The Role of Geology, Climate and Culture in the Making of French Wines*. University of California Press, Berkeley CA, USA.

附　录

SI（国际体系）单位和非SI单位的换算系数，包括美国单位，以及本书中使用的SI[a]和其他缩写。

要将第1栏转换为第2栏，请乘以	第1栏，SI单位	第2栏，非SI单位	要将第2栏转换为第1栏，请乘以
长度、面积和体积			
3.28	米，m	英尺，ft	0.304
39.4	米，m	英寸，in.	0.025 4
3.94×10^{-2}	毫米，mm	英寸，in.	25.4
2.47	公顷，hm^2	英亩，ac	0.405
0.265	升，L	加仑（美国）	3.78
9.73×10^{-3}	立方米，m^3	英亩英寸，acre-in.	102.8
8.11×10^{-4}	立方米，m^3	英亩英尺，acre-ft	1.233×10^3
35.3	立方米，m^3	立方英尺，ft^3	2.83×10^{-2}
0.811	兆升，ML	英亩英尺，acre-ft	1.233
重量			
2.20×10^{-3}	克，g	磅，lb	454
2.205	千克，kg	磅，lb	0.454
1.102	吨，t	吨（美国），ton	0.907
单位面积工程量			
0.893	千克/公顷，kg/hm^2	磅/英亩，lb/ac	1.12
0.446	吨/公顷，t/hm^2	吨（美国）/英亩，ton/ac	2.24
0.107	升/公顷，L/hm^2	加仑/英亩，	9.35
杂项			
（9/5℃）+ 32	摄氏度，℃	华氏度，℉	5/9（℉-32）
9.90	兆帕，Mpa	大气压	0.101
10	西门子/米，S/m	毫姆欧/厘米，mmho/cm	0.1

索 引